边缘计算资源优化配置技术研究

邵艳玲　著

西北工業大學出版社
西　安

【内容简介】本书主要研究边缘计算资源优化配置技术。全书围绕计算卸载、资源分配、缓存内容放置以及边缘服务器部署等方面，从多角度研究边缘计算环境下面向复杂物联网业务的资源优化分配及部署，针对物联网应用时延敏感性强、计算密集度高以及“终端-边缘-云”三层资源的异构性等特点，为提升系统性能、服务质量(QoS)和用户体验提供了具体的解决方案。

本书可以作为高校计算机专业师生的教学参考，也可为相关研究人员日常工作提供参考。

图书在版编目(CIP)数据

边缘计算资源优化配置技术研究/邵艳玲著. —西安：西北工业大学出版社，2020.11
ISBN 978-7-5612-6670-0

Ⅰ.①边… Ⅱ.①邵… Ⅲ.①物联网-资源配置-研究 Ⅳ.①TP393.4 ②TP18

中国版本图书馆CIP数据核字(2020)第249381号

BIANYUAN JISUAN ZIYUAN YOUHUA PEIZHI JISHU YANJIU
边缘计算资源优化配置技术研究

责任编辑：李　杰　　**策划编辑**：李　萌
责任校对：陆思佳　　**装帧设计**：云思博雅
出版发行：西北工业大学出版社
通信地址：西安市友谊西路127号　　**邮编**：710072
电　　话：(029)88491757，88493844
网　　址：www.nwpup.com
印 刷 者：广东虎彩云印刷有限公司
开　　本：787mm×1 092mm　1/16
印　　张：10
字　　数：185千字
版　　次：2020年11月第1版　2020年11月第1次印刷
定　　价：78.00元

前言

INTRODUCTION

随着复杂多样的物联网业务不断涌现，研究如何在靠近物或数据产生源头的网络边缘侧，为物联网业务提供最优或较优的资源分配与部署方案，契合我国的"智能制造2025"和人工智能等国家发展战略，具有重要的理论意义和广泛的应用价值。

本书主要研究了如何在靠近物或数据产生源头的网络边缘侧，为面向复杂多样物联网业务提供最优或较优的资源部署及分配问题。其中，第1章为绪论，首先阐述了本书的研究课题背景及意义，总结了边缘计算的特点和应用场景，并系统分析了边缘计算资源部署和配置技术的研究现状和存在的不足，最后介绍了本书的研究内容与贡献。第2章研究边缘服务器的优化部署问题，提出了成本感知的边缘服务器优化部署方法，权衡用户低延迟需求和边缘服务器节点部署代价，设计城域网范围内基于Benders分解的边缘服务器部署算法并做了验证分析。第3章提出边缘计算环境下多组件应用的计算卸载策略。以组件为粒度进行应用划分，根据用户位置及可用的计算、存储和通信资源等上下文信息，设计边缘计算环境下基于动态子图匹配的、多组件应用的自适应计算卸载算法。第4章研究能耗感知的多层资源动态分配方法，根据云/边缘服务器及终端设备组成的分布式多层异构资源特征，在边缘节点和云端的资源提供和重配置成本的约束下，滚动预测工作负载，提出能耗感知的"边缘-云"多层异构资源平滑动态分配方法。第5章研究边缘计算中分布式协同缓存放置算法。采用分布式协作缓存架构，为了最小化缓存内容放置代价，利用元启发式人工免疫算法搜索分布式协同缓存最优放置策略。

作者及所在团队长期以来一直致力于边缘计算和云计算相关的技术研究和

产品开发工作，具有丰富的项目研发经验。本书内容来源于作者多年的研究成果和工作积累，适用于具有一定云计算和边缘计算专业基础的高校研究生及相关领域的科研工作者与工程师。

在此，特别感谢南阳理工学院云计算与虚拟化团队、武汉理工大学李春林教授团队和武汉大学董文永教授对本书撰写的支持。本书的编写过程中，参阅了许多文献资料，在此向相关责任者表示感谢。

邵艳玲

2020年7月

目录

CONTENTS

第1章

绪　论

1.1　课题背景及意义

全球行业数字化转型掀起了产业变革浪潮，将“物”纳入智能互联成为新一轮产业变革的显著特点，万物互联（IoE）的时代已经到来[1]。传感器、可穿戴设备和附带传感器的智能设备数量呈爆发式增长。华为[2]预计到2025年，全球连接数量将达到1 000亿个。随着终端接入数目和种类日益增加，越来越复杂的物联网应用难以被实时高效地处理已成为制约其业务发展的瓶颈。其中，虚拟现实、增强现实（VR/AR）应用[3]需要低时延、高可靠地完成计算密集度高的图像处理及虚拟和现实无缝融合等复杂操作；超高清视频直播[4]等大流量移动宽带业务要求承载网络提供超大带宽；基于传感器等感知设备的智能制造应用[5]通过对环境及设备监测产生大量的数据，需要实时可靠地完成数据分析处理并及时反馈。然而，一方面，由于物联网终端设备处理能力不足且电池容量有限，难以对复杂多样的物联网应用进行实时处理；另一方面，由于物联网具有特殊的应用场景和广泛的应用领域，复杂、多样和实时的物联网业务已成为推动其发展的关键。因此，如何提升本地数据处理能力、减少数据传输时延、降低成本、保障复杂多样物联网业务质量成为亟待解决的问题。

目前一些研究工作利用云计算技术为物联网应用提供弹性的计算和存储服务，将终端设备收集的原始数据直接传输到远程云数据中心，依靠云数据中心的强大计算能力和存储能力进行数据挖掘处理；或将资源受限的终端设备中计算密集型任务分流到云中执行，解决了终端设备自身的资源紧缺问题，节约了用户终端的电量消耗。虽然借助云计算技术在一定程度上弥补了终端设备处理能力的不足，但是将任务卸载到位于核心网的云数据中心需要消耗回程链路资源，产生额外时延开销，无法满足物联网业务场景中低时延、高可靠的需求[6]。在车联网尤其是无人驾驶领域，直接与远程云进行数据通信将会产生较高延迟，无法实时为车辆提供高清地图、实时车况、安全预警等服务，进而会带来较差的用户体验。因此，降低云端的通信开销、提供低时延服务成为云计算中亟待解决的问题，继而催生了一种新型计算模式：边缘计算（Edge Computing）。边缘计算的产生和发展，为复杂物联网业务本地化处理创造了条件。边缘计算[7]在靠近物或数据产生源头的网络边缘侧，就近提供边缘智能服务，满足行业数字化在实时业务、数据优化、应用智能等方面的关键需求，其特征主要体现在用户接近度高、超低延迟、高带宽、实时访问及位置感知等。

2015年，边缘计算进入Gartner的技术成熟曲线（Hype Cycle）。目前已经掀起产业化热潮，各类产业组织、商业组织在积极发起和推进边缘计算的研究、标准、产业化活动。2016年，由IEEE和ACM正式成立了IEEE/ACM Symposium on Edge Computing，组成了由学术界、产业界、政府（美国国家基金会）共同认可的学术论坛，对边缘计算的应用价值、研究方向开展了研究与讨论。2017年，IEC发布了VEI（Vertical Edge Intelligence）白皮书，介绍了边缘计算对于制造业等垂直行业的重要价值。ISO/IEC JTC1 SC41成立了边缘计算研究小组，以推动边缘计算标准化工作。2018年，中国边缘计算技术研讨会（SEC-China 2018），业界、高校和科研机构互动研讨边缘计算，进一步梳理开发者需求。中国通信标准化协会（CCSA）成立了工业互联网特设组（ST8），并制定了工业互联网边缘计算行业标准的制定。同时，学术界和产业界已经开始对边缘计算模式进行深入的研究，如欧洲电信标准化协会（ETSI）提出的移动边缘计算[8-9]、思科首创的雾计算[10]、Satyanarayanan及其团队提出的Cloudlet[11]等。美国太平洋西北国家实验室（PNNL）[12]指出边缘计算将集中式数据中心的计算应用、数据和服务推向网络的最前沿，使分析和知识产生在数据源头。2016年，ETSI将移动边缘计算更名为多接入边缘计算[13]（MEC），以扩大其在包括LTE、5G、Wi-Fi和固定带宽接入技术在内的异构网络中的适用性。为促进边缘计算产业健康与可持续发展，华为、中国科学院沈阳自动化研究所、中国信息通信研究院、英特尔、ARM和软通动力信息技术（集团）有限公司联合发起中国边缘计算产业联盟（ECC），旨在搭建边缘计算产业合作平台、孵化行业应用最佳实践。

边缘计算应用可广泛覆盖制造、电力、交通、医疗、农业、新兴应用等领域[14-16]。通过传感器、摄像头及智能手机等设备采集数据，在网络边缘接近用户端处提供计算、存储能力对物联网应用进行实时处理。当边缘计算资源不足时，可允许用户终端使用云计算资源。从边缘计算的行业应用可以看出，传感器和智能手机等用户设备和云之间需要进行长距离的网络通信。为了减少数据传输量、提供低延迟的服务，将边缘服务器部署在靠近终端设备的网络边缘侧，以承担云数据中心的部分计算、缓存和通信功能。边缘服务器离用户设备越近，响应速度越快，但需要部署的节点越多，花费也就越高。因此在基础设施部署层面，边缘服务提供商需要对边缘服务器的部署代价和执行效率进行权衡优化。为了实现物联网应用的本地化实时处理，一方面可把终端设备的任务卸载到边缘服务器处理；另一方面从云中选择用户频繁访问的内容缓存到本地边缘服务器，尽量避免用户设备和云之间长距离的网络通信，在网络边缘提供优质的边缘计算服务。在终端、边缘服务器和云端组成的多层分布式异构资源环境中，对简单业务在终端设备直接进行处理；对计算密集度高的物联网应用进行计算卸载，并采用多层异构资源平滑分配方法优化资源配置。因此，计算卸载、资源分配、缓存内容放置及边缘服务器部署是边缘计算环境下高效实时处理物联网业务的关键技术，这些关键技术是实现本地化数据处理及优化资源配置的基础，其执行效率和执行成本将直接影响边缘计算系统的整体性能。

综上所述，随着复杂多样的物联网业务不断增加，在云端的大数据量业务集中处理模式导致延迟较高，而网络边缘端的本地化处理可提供低延迟、高带宽的服务。如何在靠近物或数据产生源头的网络边缘侧，为复杂多样的物联网业务提供最优或较优资源分配策略与部署方案，是边缘计算中亟待解决的关键科学问题。因此，围绕计算卸载、资源分配、缓存内容放置及服务器部署的边缘计算资源优化部署与配置方法进行研究，契合了我国的“智能制造2025”和人工智能等国家发展战略，具有重要的理论意义和广泛的应用价值。

1.2 边缘计算概述

复杂多样物联网应用的发展催生了在网络边缘执行计算的新型计算模

式——边缘计算模型。边缘计算具有高接近度、低延迟、高带宽和位置感知等特点。由于边缘计算应用[17-19]覆盖预测性维护、能效管理、智能制造、智慧城市及智能电网等领域,其场景丰富,产业价值突出。目前边缘计算已经引起全球范围内学术界和产业界的广泛关注。

1.2.1 边缘计算的定义及特点

1.2.1.1 边缘计算的定义

(1)边缘计算产业联盟与工业互联网产业联盟定义:边缘计算[7]是"在靠近物或数据源头的网络边缘侧,采用网络、计算、存储、应用核心能力的分布式开放平台,就近提供边缘智能服务,满足行业数字化在敏捷连接、实时业务、数据优化、应用智能、安全与隐私保护等方面的需求,它可以作为连接物理和数字世界的桥梁,使智能资产、智能网关、智能系统和智能服务变得实时、智慧、可靠"。

(2)美国太平洋西北国家实验室定义:边缘计算[12]将集中式数据中心的计算应用、数据和服务推向网络的最前沿,使分析和知识产生在数据源头。边缘计算覆盖了广泛的技术区域,包括无线传感网络、移动数据采集、分布式协作P2P ad-hoc网络处理(又称局域云/雾计算和网格计算)等。

(3)欧洲电信标准协会定义:移动边缘计算[13]在近用户设备端的网络边缘位置通过用户移动设备的无线接入网络提供云计算服务,旨在进一步减小时延,提高网络运营效率和业务分发能力,从而改善终端用户体验。

(4)美国国家标准与技术研究院对相似的解决方案——雾计算的定义:雾计算[20]位于智能终端与传统云或数据中心之间的水平、物理或虚拟资源范式。该模式通过提供无所不在的、可伸缩的、分层的、联合的、分布式的计算,存储和网络连接来支持垂直隔离的、延迟敏感的应用。

从以上国内外行业对边缘计算的描述中可以看出,作为新产生的计算模式,服务提供商把边缘计算节点部署在靠近数据源的网络位置,以提供本地化实时智能服务。因此,本书对边缘计算描述如下:边缘计算部署在接近数据源的网络边缘,使分析和知识产生在数据源头的物理或虚拟资源的计算范式,是优化云计算技术的一种方法。其将集中式云数据中心的计算应用、数据和服务推向网络最前沿,以满足快速连接、实时应用处理、智能业务决策等方面的用户需求。

1.2.1.2 边缘计算的特点

从边缘计算的定义及其应用的业务场景来看，边缘计算的特征主要包含以下几个方面：

（1）连接性：连接性是边缘计算的基础。所连接物理对象的多样性及应用场景的多样性，需要边缘计算具备丰富的连接功能，如各种网络接口、网络协议、网络拓扑、网络部署与配置、网络管理与维护等。连接性需要充分借鉴吸收网络领域先进的研究成果，如TSN、SDN、NFV、Network as a Service、WLAN、NB-IoT、5G等，同时还要考虑与现有各种工业总线的互联互通。

（2）数据第一入口：边缘计算作为物理世界到数字世界的桥梁，拥有大量、实时、完整的数据，可基于数据全生命周期进行管理和价值创造，更好地支撑预测性维护、资产效率与管理等创新应用；同时，作为数据第一入口，边缘计算也面临着数据实时性、确定性、多样性等挑战。

（3）业务的低延迟性：由于边缘服务能够在靠近数据源的本地边缘计算节点上运行，所采集数据不用直接上传到远程云计算数据中心处理，减少了数据在云端和本地的往返时间（RTT）及带宽成本，使服务响应更加迅速，从而改善用户体验。因此，边缘计算主要用于短周期数据处理以支撑本地业务的实时智能化决策。

（4）接近度高：由于靠近数据源（移动终端设备和IoT中的传感器等），边缘计算特别适用于捕获和分析高体量数据中的重要信息，因此，可以更好地支撑预测性维护、智慧城市、无人车等新兴应用。

（5）异构性：边缘计算节点被部署在各种各样的环境，具有不同的表现形式，支持多样化的异构软硬件设备。因此，边缘计算节点的数据收集和通信能力具有差异性。

（6）位置感知与网络上下文感知：由于用户设备通过Wi-Fi或蜂窝网络等接入位于网络边缘的计算资源，因此，系统可以利用低等级的信令信息确定每个连接设备的位置，同时可以使用实时的如无线网络环境等上下文感知数据，计算用户对应的服务使用情况。

（7）地理分布性：边缘服务器部署在不同的地理位置，天然具有分布性特征。因此，需要边缘计算支持分布式计算、存储、动态资源管理、智能和安全等能力。

（8）边缘计算与云计算协同：边缘计算把云计算的业务处理能力从云数据中心扩展到用户设备所在的网络边缘，所以网络回传链路资源消耗较少，从而降低网络传输成本、减少应用处理延迟。根据边缘资源的特性，边缘计算适用于处理实时性强、带宽消耗较大、需要本地快速决策等业务场景。而云计算则适用于处理数据体量较大、非实时、长周期批量处理的复杂数据分析等业务场景。边缘计算和云计算相辅相成，"云端学习、边缘执行"的边云协同处理才能有助于处理各种业务场景需求。

1.2.2 边缘计算层次结构

边缘计算的物理设施可以是具有数据处理能力一台边缘服务器、智能网关，也可以是一个微型数据中心（MDC）。处于网络结构中不同地理位置的边缘服务器或边缘微数据中心可以相互协作，构成分布式协同边缘计算环境，边缘计算资源及网络拓扑如图1-1所示[21]。边缘计算的基础资源包括网络、计算和存储资源。同时边缘计算资源和云计算资源可以协同处理用户设备的请求，形成云边协同的资源环境。

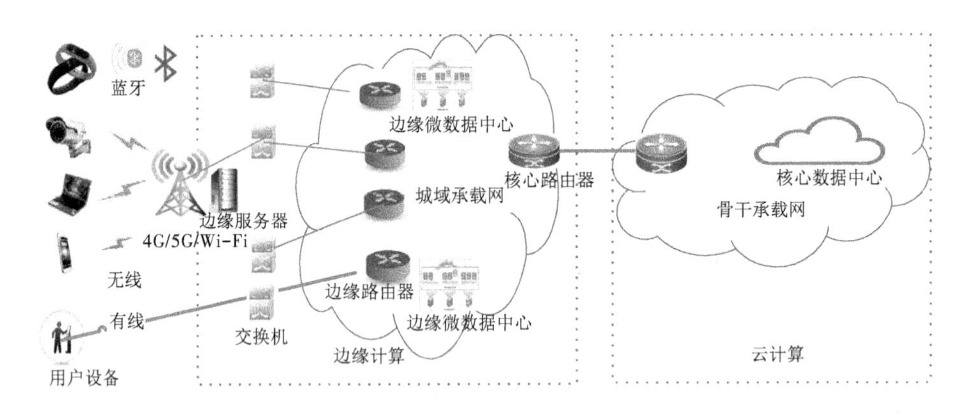

图1-1 边缘计算资源及网络拓扑

1.2.2.1 边缘计算节点

边缘计算节点，也称边缘主机、边缘服务器，是位于云和智能终端设备之间的中间计算元素（如智能网关），可以是物理或虚拟设施，与智能终端设备或接入网紧密耦合，为物联网应用提供计算、存储和网络资源，在用户设备和云计算之间提供某种形式的业务处理和通信服务。边缘计算节点之间可协同使用，在分散的地理位置上提供横向扩展计算功能。

1.2.2.2 边缘计算的架构

边缘计算节点本质上是异构的，并且部署在各种环境中。因此，边缘计算架构应能跨平台进行无缝资源管理。边缘计算的系统架构[7,9,13,19-25]如图1-2所示。边缘服务提供商通过部署在靠用户设备端的异构的边缘微数据中心提供边缘计算基础设施即服务、边缘计算平台即服务和边缘计算软件即服务。边缘计算基础设施即服务是利用协同边缘计算节点构成的共享集群，为授权客户提供网络、存储、计算等边缘资源，实现本地化业务智能处理，从而提升用户服务质量(QoS)。边缘计算平台即服务为边缘服务客户提供编程语言、库及开发工具，在协同边缘计算节点构成的集群上创建或执行应用程序。边缘计算软件即服务是一种通过Internet为服务客户提供软件服务的服务模式。边缘提供商将应用软件统一部署在协同边缘计算集群上，用户通过瘦客户端接口或应用程序接口访问边缘计算节点上部署的应用。

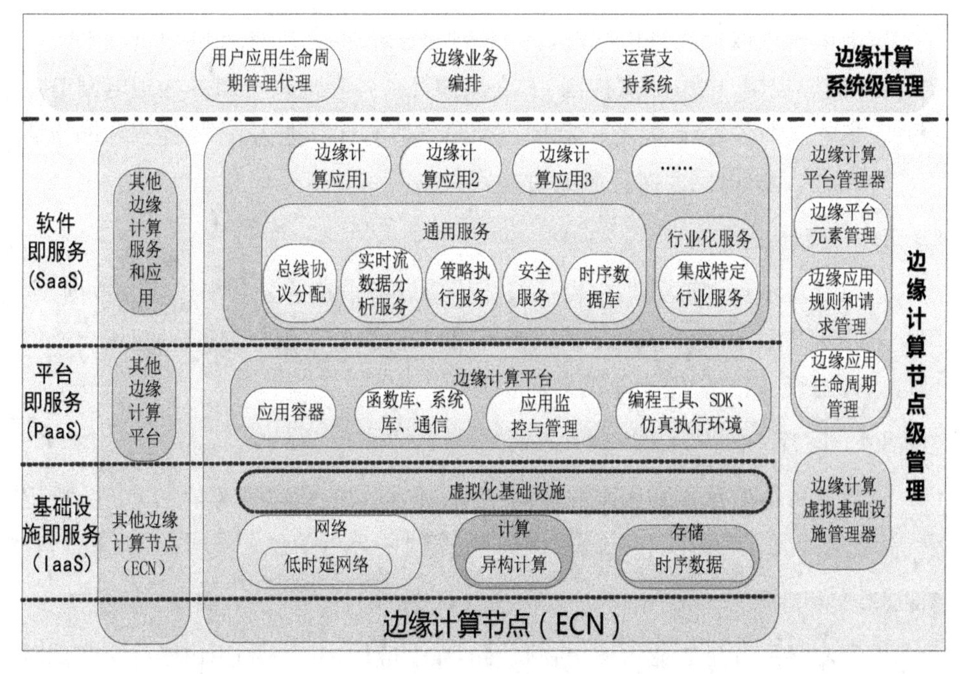

图1-2 边缘计算的系统架构

1.2.2.3 边缘计算系统管理

边缘计算系统的管理[24]包括边缘计算系统级管理和边缘计算节点级管理。边缘计算系统级管理主要指边缘业务编排、运营支持系统及边缘应用生命周期管理代理。边缘计算节点级管理主要包括边缘平台管理器和虚拟化基础架构管理器。边缘平台管理器管理应用的生命周期;虚拟化基础架构管理器负责分配、管理和发布虚拟化资源以运行应用映像。

1.2.3 边缘计算的应用场景

边缘计算应用可广泛覆盖制造、电力、交通、医疗、农业、新兴应用等领域[14-16]。

1.2.3.1 制造

感知设备利用物联网技术进行数据的广泛采集。位于全互联制造网络层的边缘计算对数据进行分析并对任务精细化调度以保障传输时延,实现物端的智能和自治,通过与云端交互协作,实现系统整体的智能化。

1.2.3.2 电力

智能电网可以对物理电网进行一系列的管理和操作,包括电力负载平衡控制、清洁能源控制、电力节点控制、安全保护等。各个地理分布的物理电网节点实时收集电网的各种状态信息,利用边缘服务器的计算能力、存储能力和网络通信能力,以达到对电网实时控制的目的。

1.2.3.3 交通

边缘计算节点实时处理由摄像头和传感设备采集的公共交通实时数据,利用交通指示牌显示实时路况信息以指导用户改变行车路线;或通过智能交通信号灯指挥出行,以减轻路面车辆拥堵状况。

1.2.3.4 医疗

边缘服务器对采集到用户的锻炼、睡眠、体重及心跳频率等信息进行分析记录,在紧急情况下为医院和医生提供可靠、实时的患者信息。

1.2.3.5 农业

智慧农场系统是农业领域中物联网的典型应用之一。利用边缘计算实现对农场生产环境的精准监测和控制,提高农场生产效率,减少成本,为客户提供安全、绿色以及可追溯的农产品服务。

1.2.3.6 新兴应用

新兴的虚拟现实、增强现实应用将参与者的动作与图像层叠在一起来模拟实时的三维立体图像，边缘服务器进行物体识别和图像渲染等复杂操作，对人的头部转动、眼睛、手势或其他人体行为相适应的数据实时反馈，在超低延迟的情况下提供高清图像，更好地满足用户的沉浸式体验，使用户感觉更真实。

通过传感器、摄像头及智能手机等设备采集数据，边缘计算节点在网络边缘接近用户端处提供计算、存储能力对物联网应用进行实时处理，当边缘资源不足时，可允许用户终端使用云端资源。以智慧工业、虚拟现实和智能交通等应用为例，边缘计算数据实时处理架构及应用如图 1-3 所示。在“终端-边缘-云”多层分布式异构资源环境下，针对复杂多样的物联网应用数据量大、时延敏感性强、计算密集度高、终端设备处理能力不足和回程链路资源受限等特点，本书多角度研究面向复杂多样物联网业务的边缘计算资源优化部署与配置，从而满足应用低延迟需求、提高资源利用率、降低系统能耗及服务成本，进而提升边缘计算系统的服务质量。

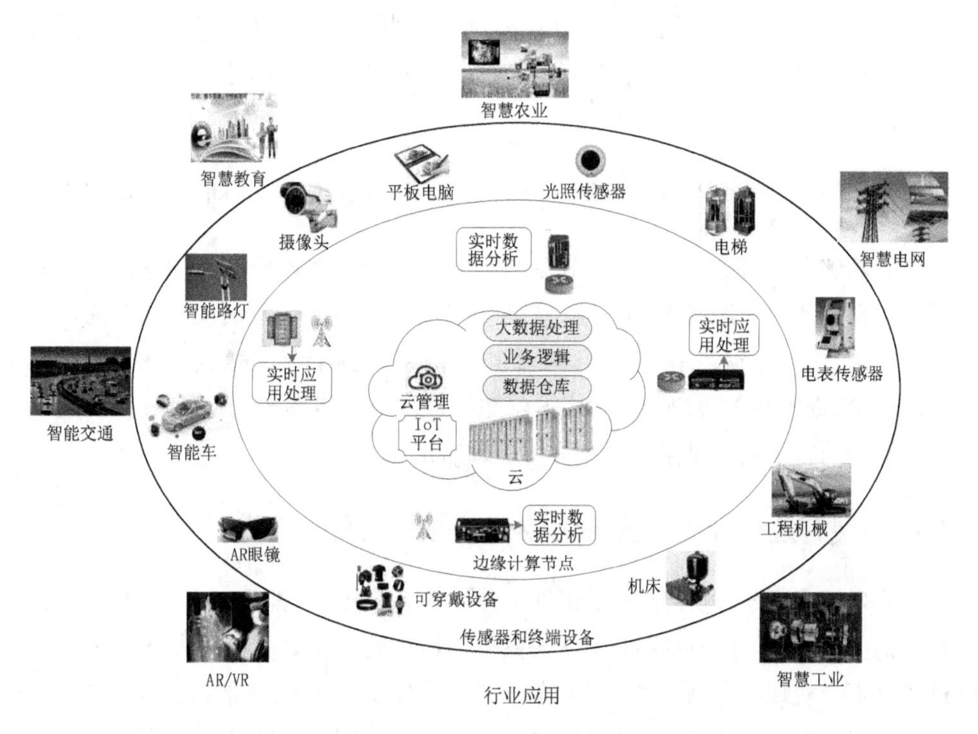

图 1-3 边缘计算数据实时处理架构及应用

1.3 研究现状和存在的不足

边缘计算的主要表现形式为移动边缘计算(MEC)[9]、雾计算(Fog)[10]及Cloudlet[11]等。虽然学术界和产业界对边缘计算研究已经取得了一定的进展,但仍有诸多问题亟待解决。边缘服务器部署、计算卸载、资源分配及缓存内容放置是边缘计算环境下高效实时处理物联网业务的关键技术,是实现本地化数据处理及优化资源配置的基础,其执行效率和执行成本将直接影响边缘计算的整体性能。因此,本书主要研究边缘计算的计算卸载、边缘缓存、“边缘-云”分布式多层异构资源分配及边缘服务器的部署等关键问题。

目前复杂多样化物联网应用场景不断增加,围绕计算卸载、资源分配、缓存放置和服务器部署等问题的边缘计算环境下高效资源配置技术研究具有重要的理论和实际意义。但已有的国内外相关研究还存在一定的局限性,主要体现在以下几方面。

1.3.1 现有边缘服务器部署较少考虑用户QoS和节点利用率的权衡

除部署代价外,用户QoS和节点利用率的权衡是服务器部署要考虑的主要因素。现有的边缘服务器部署策略较少考虑用户QoS和节点利用率的权衡。本书根据用户位置,确定用户归属到哪个边缘节点,进而计算部署代价和用户访问延迟代价,提出基于用户分布和成本感知的边缘服务器部署优化策略,在满足用户体验的前提下提高节点利用率并降低部署成本。

1.3.2 现有边缘计算卸载方法较少考虑组件间的相似度

合理的应用划分及待卸载的组件集合与可用资源的匹配是影响边缘计算卸载性能的关键因素。已有的应用划分方案缺乏组件间的相似度度量,导致划分的组件集合不能实现集合内关联度高和集合外耦合度低的目标,不能提高资源利用率而导致用户体验较差或服务成本增加。因此本书提出边缘计算环境中基于动态子图匹配的多组件应用计算卸载方法,以提高卸载效率、降低卸载成本。

1.3.3 现有边缘计算资源提供方法较少考虑边缘和云多层异构资源协同提供

现有边缘资源分配策略大多考虑单一的边缘服务器资源提供，缺乏对“边缘-云”多层异构资源协同提供，难以处理由物联网应用负载的动态性和用户的移动性带来的服务中断的问题。本书提出了能耗成本感知的“边缘-云”多层异构资源平滑动态分配策略，在保障应用低延迟的前提下避免延迟抖动，提高边缘资源利用率，从而降低能耗成本。

1.3.4 现有边缘缓存放置方法较少考虑边缘缓存的分布式协同和可靠性

层次式缓存机制导致延迟较长并浪费存储空间，只考虑单个因素的缓存内容调度策略会导致缓存价值降低和带宽消耗代价增加的问题。现有的边缘缓存放置算法考虑分布式边缘环境下内容的缓存价值因素单一，不能精准地衡量缓存内容的实际价值。本书考虑服务区域内访问数据的流行度、可靠性和不同缓存内容放置位置产生访问延迟成本，设计了基于伊藤算法的分布式协同边缘缓存内容放置策略。

1.4 本书的研究内容与贡献

如何在靠近物或数据产生源头的网络边缘侧为复杂多样的物联网业务提供最优或较优资源配置与部署方案，是边缘计算中亟待解决的关键科学问题。本书针对物联网应用时延敏感性强、计算密集度高及“终端-边缘-云”三层资源的异构性等特点，围绕计算卸载、资源分配、缓存内容放置及边缘服务器部署，多角度研究面向复杂多样物联网业务的边缘计算资源优化配置与部署，以提升系统性能、边缘服务质量及用户体验。本书主要研究内容及贡献主要包括四个方面，本书研究内容关系如图1-4所示。

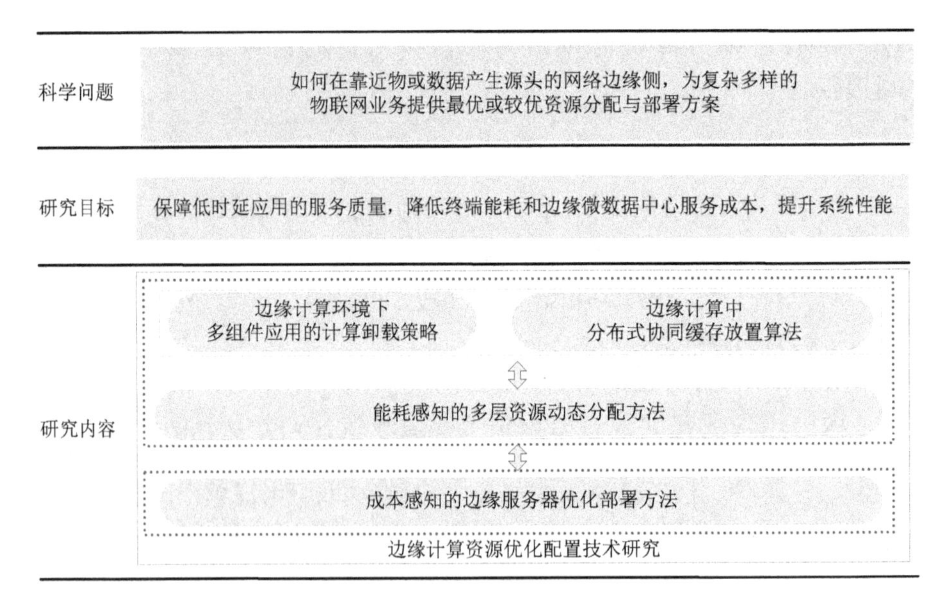

图 1-4　本书研究内容关系

1.4.1　成本感知的边缘服务器优化部署方法

如何为边缘服务器选址并确定该位置节点数量以实现用户低延迟需求和节点利用率均衡是亟待解决的问题，本书提出成本感知的边缘服务器稀疏部署优化策略。利用用户集合和候选区域内边缘位置集合，建立用户关联矩阵和服务器资源分配矩阵，计算资源分配比率；通过资源分配比率、区域平均负载及边缘位置之间的访问延迟，计算区域请求总延迟。最后建立基于服务器部署代价和请求总延迟代价的最小化目标函数，把边缘服务器部署规约为混合整数非线性规划问题，利用Benders分解算法求出边缘服务器部署位置和数量。

1.4.2　边缘计算环境下多组件应用的计算卸载策略

目前，用户终端处理能力和电池电量有限，利用计算卸载技术可将计算密集度高的物联网实时计算任务分流到边缘服务器中。如何选择高效的卸载策略、扩展用户终端的处理能力、满足大规模实时物联网应用需求，是亟待解决的问题。本书提出边缘计算环境下多组件应用的细粒度自适应任务卸载方法。该策略考虑物联网应用组件的行为特征属性和边缘计算环境下“终端-边缘-云”资源的特征，分别用查询图和数据标签图来进行描述。以组件为划分粒度，根据组件间的隶属度来确定聚类关系，利用模糊聚类算法对组件聚类；然后综合考虑时延和能耗，分别计算任务卸载到本地和边缘节点的综合代价，分析用户位置和边缘计算环境中计算、存储、网络资源等上下文信息，采用基于动态子图匹配算法进行多组件应用计算卸载。

1.4.3 能耗感知的多层资源动态分配方法

在终端设备能耗和边缘服务器性能等多因素约束下，如何合理利用云端、边缘服务器及终端设备组成的分布式多层异构资源，在满足应用实时性要求的同时最小化资源配置成本是边缘计算亟待解决的问题。本书提出能耗成本感知的“边缘-云”多层异构资源动态平滑分配策略。首先，利用加权维诺图确定边缘服务器服务的区域范围，采用AR(p)模型滚动预测边缘服务器任务负载量，根据任务负载对资源的需求选择资源提供方。其次，根据边缘服务器和云端的资源能耗成本，把“边缘-云”可重配置资源平滑分配问题转化为多维背包问题。通过能耗成本感知的贪心算法和动态节点管理策略，最终，求得在满足用户低延迟需求的同时系统能耗成本最小的资源优化分配方案。

1.4.4 边缘计算中分布式协同缓存放置算法

边缘计算环境中单个边缘服务器存储能力有限，层次式缓存机制导致延迟较长并浪费存储空间，只考虑单个因素的缓存内容调度策略会导致缓存价值降低和带宽消耗代价增加。本书设计了边缘计算环境下分布式协同缓存放置算法。采用分布式协作缓存架构，首先确定每个边缘服务器覆盖范围内的用户集合；其次利用缓存服务节点和终端设备之间的距离、内容流行度和缓存内容大小，计算数据访问延迟代价。然后将访问延迟代价最小化问题建模为0-1整数线性规划问题，利用元启发式伊藤算法搜索分布式协同优化缓存放置方案。

第2章

成本感知的边缘服务器优化部署方法

2.1 引言

为提升用户的满意度、减少主干网络上的流量压力,云计算服务商将服务内容和部分业务处理下发到靠近接入侧的网络边缘服务器,进行本地化实时边缘处理。从中可以看出,边缘计算的主要目的是将云计算能力迁移到网络边缘,以减少核心网络拥塞和传播距离过长造成的时延。然而,边缘计算节点部署到哪些位置并没有明确地定义。因此,边缘服务器的放置就成了边缘基础设施服务提供商需要考虑的关键问题。

部署边缘服务器需要考虑用户的端到端时延、资源的利用率及部署成本。影响服务器部署的关键因素有:①边缘服务器的部署位置。比如,在运动场等大型场馆中现场用户的视频直播应用,智能制造产生的机器数据、车联网车载设备和路边传感器采集数据的实时分析和精准控制时,如果边缘服务器部署在较远位置,用户可能需要经过多跳才可以访问到距离最近的边缘资源。边缘服务器的部署位置会对端到端延迟产生比较大影响。另外,服务器部署的位置租赁的价格随着地理位置的不同而变化,地理位置对部署成本有很大的影响。因此,边缘计算基础设施服务提供商需要在接近用户设备的位置规划部署边缘服务器,以保障低延迟应用的服务质量。②每个边缘数据中心的服务器数量。由于各个区域用户分布的密度不同,每个区域部署边缘服务器个数是不一样的。边缘计算基础设施提供商要根据接入点覆盖区域内用户分布的密度，来确定该位置需要服务器的个数。在用户提交的IoT业务请求需要处理大量的数据流时，边缘服务器的数量过少或过多都可能造成一些边缘服务器负载过重或负载不足现象，严重负载过重可能会增加网络时延，降低用户满意度；同时长时间负载不足会导致资源利用率低，造成较高的部署成本。因此合理的部署策略成为重要的研究内容。

本章将针对边缘服务器优化部署问题进行分析、建模，提出成本感知的边缘服务器优化部署方法。其创新性在于：①利用用户关联矩阵和资源分配矩阵，计算资源分配比率；通过资源分配比率、区域平均负载及边缘位置之间的访问延迟，计算区域请求总延迟。最后建立基于服务器部署代价和请求总延迟代价的最小化目标函数，把边缘服务器部署规约为混合整数非线性规划问题（MINP）；②提出基于Benders分解的边缘服务器稀疏部署优化策略，从实现用户低延迟需求同时部署代价最小的目的。

2.2 边缘服务器部署研究现状

在边缘计算中，服务器部署在网络边缘侧，位于终端设备和云数据中心之间。用户近距离访问边缘服务器，以满足低延迟应用需求。目前，产业界和学术界已经对边缘服务器部署问题展开了初步研究。ETSI MEC工作组征集了具有代表性的应用案例和部署场景[9]，来完善MEC标准化工作。Heavy Reading公司也发布了移动边缘计算案例和部署选择白皮书[26]，并指出MEC基础设施的位置选择需要根据具体网络环境及业务需求，可以部署在LTE宏基站、多制式基站汇聚点或3G网络的无线控制器等位置。对于边缘计算系统，可同时在上述网络位置部署边缘服务器以灵活适应不同的业务需求。

Fan等[27]考虑移动用户密度和Cloudlet位置，研究在移动边缘计算环境中基于成本和端到端延迟的权衡优化的Cloudlet部署策略，该文献采用CPLEX求解器中的混合整数编程（MIP）工具来找到次优解。进一步地，该研究还设计了在时隙t中每个接入点覆盖区域的动态工作负载分配方案，以最小化每个时隙中请求的总E2E延迟，把该问题归纳为线性规划问题。Xu等[28]研究了大规模无线城域网（WMAN）中容量受限的Cloudlet放置问题，其目标为最小化移动用户和Cloudlet之间的平均访问延迟。他们将该问题归纳为整数线性规划（ILP）问题首先提出了具有精确解的解决方案。进一步地，针对整数线性规划方法在解决较大规模问题时扩展性较差的缺陷，该文献设计了启发式贪心算法来解决该问题。Jia等[29]研究了在无线城域网中Cloudlet稀疏部署和用户归属问题，该文献的目标为作业分流的平均延迟时间最小化。他们提出了基于排队论的多用户多Cloudlet的用户任务分流模型（M/M/c），设计了负载最重接入点优先（HAF）放置算法和基于密度的聚类（DBC）放置算法。HAF算法按照候选的网络接入点中用户任务到达率进行排序，然后从中选择前M个任务量最大的候选接入点部署Cloudlet。该算法的缺陷为：其一，负载最重的接入点不一定是距离用户最近的边缘MDC位置。需要特别注意的是，即使没有用户提交任务到某个接入点，无线城域网中大部分用户也可能在该接入点一跳范围之内。因此，应当在该接入点部署边缘服务器。其二，将用户分配到距离最近的边缘服务器，可能出现边缘服务器的工作负载不平衡的问题。因此。针对负载最重的接入点优先放置算法的缺点，该文献提出了考虑负载均衡的基于用户密度的Cloudlet放置算法。Yin等[30]提出了在线边缘服务的Tentacle决策支持框架。该框架利用边缘计算平台、Cloudlet和网络功能虚拟化技术，采用灵活的边缘服务器部署方法，实现边缘设施的性能和代价的整体优化。该研究主要考虑用户和边缘服务器之间的接近度、成本预算、边缘站点的容量、边缘站点的容错性及根据地区法律或ISP的政策，用户在边缘位置是否可以获得服务的限制等各方面的因素来对边缘服务器进行部署。首先根据实际因素，用启发式算法选择边缘服务器部署的理想位置，并发现最接近理想位置的服务器实际可部署的位置，然后用整数线性规划模型（ILP）来建模，实现在约束条件下边缘服务器的定位。该文献另一个特别之处是利用准确性不高的地理位置坐标（GC）和网络坐标（NC）进行了全球范围的测量和评估，从而发现网络中不可预知的更好的边缘位置。Xiang等[31]研究了可移动的自适应Cloudlet部署问题。随着用户的频繁移动，由于Cloudlet的覆盖范围有限，Cloudlet在A位置覆盖的移动设备数量变少，导致其资源被大量浪费。针对这种情况，他们提出了基于移动应用地理位置信息大数据的自适应的移动Cloudlet的部署方法。首先，基于K均值聚类算法识别移动设备区域的中心位置，同时根据访问路径图对这些位置不断调整；其次，依据Cloudlet放置规则过滤掉不适当的位置，根据中心位置之间的距离确定边缘服务器潜在的放置位置；最后，按照区域结构生成Cloudlet的移动轨迹并自适应的放置Cloudlet。该方法的主要目的是在整个设备活动区域内，通过不断调整Cloudlet的位置，对边缘服务器移动部署，从而实现最大化Cloudlet覆盖的移动设备数量。曾明霏等[32]提出了一种P2P网络服务器最优化部署方案。该方案将如何部署有限的服务器资源问题转化为一个带有约束条件的最优化问题。Lee等[33]考虑到LAN中雾计算环境下服务完成时间、网络流量及雾计算资源，提出了基于SDN控制的简单雾服务器部署算法。Wu等[34]研究并行分布式系统的服务器放置优化问题。考虑了潜在收益和每个位置的建设代价,在原有服务器存在竞争的情况下对额外服务器进行部署以实现收益的最大化。Chen等[35]提出了一个基于Cloudlet的开放平台PacketCloud。该平台帮助互联网服务提供商(ISP)和内容提供商选择合适的入网点部署Cloudlet服务,不同服务之间可以共享Cloudlet服务器资源,实现弹性资源分配。Wang等[36]研究了智能城市移动边缘计算环境中的边缘服务器部署问题。该研究将问题建模为具有约束限制的多目标优化问题,将边缘服务器置于某些战略位置,采用混合整数规划来找到最优解,实现平衡边缘服务器的工作负载,并最大限度地减少移动用户和边缘服务器之间的访问延迟的目的。

通过以上分析,可以看出Cloudlet部署覆盖的范围较小,本章以范围较大的无线城域网区域研究对象,对各个战略站点综合考虑其利用率、部署经济代价和低延迟等要素;另外,本书首次采用Benders算法来解决边缘服务器部署问题,可以高效地找到边缘服务器部署经济成本和低延迟均衡的最优解决方案。

2.3 边缘服务器部署问题分析与建模

2.3.1 边缘服务器部署问题分析

由于城域网覆盖区域的人口密度大,边缘计算服务器的部署可以为大量用户提供边缘服务,边缘计算资源不会闲置,从而可以提高边缘服务的效益;另外边缘计算基础设施提供商可以利用规模经济使边缘服务惠及更多用户。因此,本章选择的边缘计算服务器部署的网络环境为城域网。在边缘服务器部署位置选择上,一方面,边缘计算资源越靠近用户网络接入点,越能提升用户体验;另一方面,边缘服务器越靠近用户,同时接入的用户就会越少,节点的使用效率就会越低。对于边缘资源提供商来说,部署成本有限,所以边缘服务器的部署需要考虑用户体验和部署成本之间的均衡。目前,边缘计算通常部署在城域汇聚处或更低位置的边缘中小型数据中心。根据具体网络环境及业务需求,服务器部署的位置往往选择在接近用户端的边缘通信设备,如基站;或考虑减少由于用户移动而产生的网络切换,部署在成本效益较高的IP汇聚点,如路由器或交换机的位置;或边缘服务部署在学校或企业内部的计算机集群。每个位置可放置一个或多个边缘服务器，构成边缘小型数据中心，图2-1为基于无线城域网(WMAN)架构的边缘服务器部署示例。

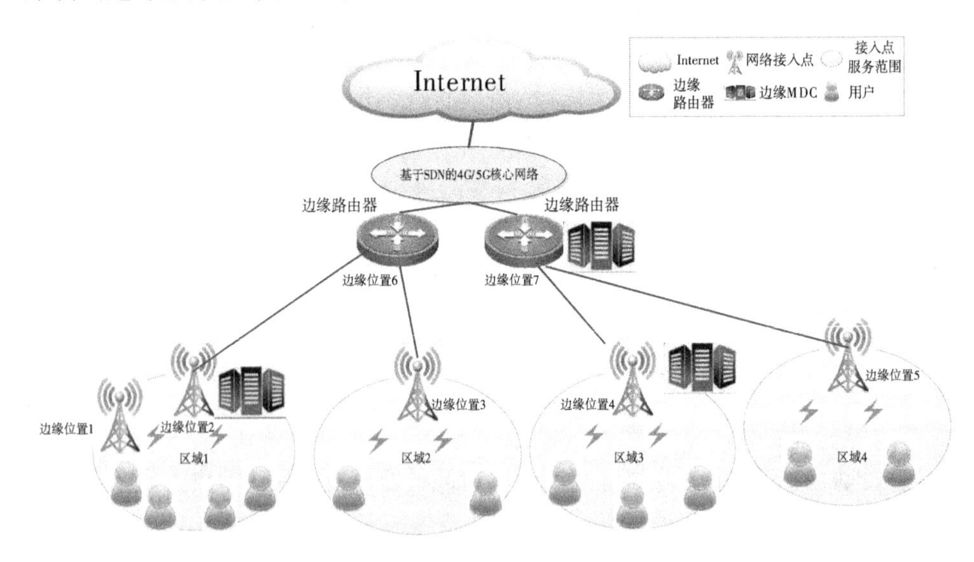

图2-1 基于无线城域网(WMAN)架构的边缘服务器部署示例

考虑到边缘计算节点的部署代价和边缘计算资源共享，部署区域并不需要对每个网络接入点进行全部覆盖，仅需进行稀疏部署。用户分布密度高的地区需要部署的边缘服务器数量随之增加。反之，用户分布密度低的地区边缘服务器数量随之减少。因此根据服务用户在不同地理位置的分布密度及不同位置的部署成本，选择适当的位置合理部署边缘计算资源成为满足用户低延迟应用需求和服务提供商最小部署代价的关键。

综合分析现有的边缘计算基础设施部署策略，对数据汇聚点路由器等位置缺少关注。已有的工作大多以保障边缘计算的低延迟为目标，或优化作业完成时间，或提高资源利用率，或提高覆盖区域移动设备的数量，缺乏在实际边缘计算环境中，既要满足用户低延迟需求，又要根据稳定的用户分布密度和边缘计算基础设施提供商的资源部署成本，同时提高资源利用率降低服务预算成本的考虑。

由于单一的成本或低延迟优化都不能实现边缘计算基础设施提供商的目标，所以根据实际边缘服务多样化的场景需求，在满足用户低延迟应用的条件限制下，考虑用户分布密度(负载密度)，确定合理的边缘服务器部署位置，并在该位置部署数量适当的边缘计算节点，提高资源利用率的同时实现最小化边缘服务器部署成本。本章主要探索在城域网范围内，考虑LTE宏基站、多制式基站汇聚点路由器等位置，根据每个服务区域内的用户分布密度，实现部署成本和网络访问延迟之间的均衡优化。需要解决的关键问题主要有三个：①从候选位置集合选择理想的边缘位置，即边缘定位问题；②用户由哪个边缘服务器提供服务，即用户关联问题；③根据用户分布密度（负载密度），确定每个边缘位置中适当的服务器个数，即边缘位置容量的问题。由于这些因素通常紧密结合在一起，将会导致巨大的搜索空间。全面权衡这些因素，并在多重约束下搜索最佳边缘服务器部署策略。这里所指的用户指的是向本地边缘服务器提交任务处理请求的用户终端。候选的边缘位置指的是无线或有线网络接入点，可以是基站、路由器或网关等的所在位置。

2.3.2 问题描述

本书研究的部署范围为无线城域网（WMAN）区域，候选的部署位置是已经存在的、靠近用户设备端的基站位置和数据汇聚点的路由器设备位置。对边缘服务器部署问题描述如下：

在无线城域网范围内，给定潜在的边缘服务器的部署位置集合I和服务覆盖区域集合J，其中覆盖区域为基站的服务范围或路由器一跳的服务距离。用户通过服务基站连接到边缘微数据中心。边缘微数据中心可以处理用户终端卸载的任务请求和数据。由于用户分布密度不同，各个覆盖区域内负载不同，每个潜在位置租用成本及所需要部署的边缘服务器个数并不相同。主要目标是从这些潜在的边缘位置中按照满足应用低延迟需求选择合适的位置来部署边缘服务器，并根据用户分布密度来确定每个边缘微数据中心的节点个数，从而使得满足应用低延迟限制的前提下总成本最小。

2.3.3 边缘服务器部署建模

定义2-1（用户接近度PNN）[30]：表示用户和某个位置距离远近关系。接近度越大说明用户和该位置之间的距离越远，反之，说明两者之间的距离越近。设s_i是位置i的坐标，PNN_{li}表示用户l和边缘位置$i(i \in I)$的接近度，定义如式（2-1）所示。

$$PNN_{li} = \left\| s_l - s_i \right\| \tag{2-1}$$

需要特别说明的是，由于直接测量用户和所选边缘位置之间的网络距离（延迟)非常困难且代价很大。因此如何评估用户和边缘位置之间的网络距离(延迟),在边缘服务器部署问题上是比较关键的问题。地理坐标(GC)提供了一种轻量级的网络延迟评估方案。本章利用GC提供的延迟等级来搜索理想的边缘位置。和大多数坐标系统[37-39]一样,本章的地理坐标位置之间距离预测也基于欧式距离计算模型。

定义 2-2(接入点覆盖区域)[27]:基站覆盖区域是其用户能正常接收到发射信号的范围,在市区基站的设计覆盖距离一般在100~200m;在郊区一般能覆盖半径3千米左右;路由器或网关覆盖区域定义为一跳范围内。本书统一定义覆盖区域内用户和边缘位置能够容忍的最大距离为D_{max}。

2.3.3.1 系统模型

在无线城域网范围$WMAN=(V, E)$内,其中,$V = I \cup S$,I为网络接入点,S边缘服务器部署位置,E表示接入点$i \in I$和边缘服务器潜在某个位置$s \in S$之间的链路集合,$U=\{u_1, u_2, \cdots, u_n\}$表示所有用户设备集合。分布在不同地理位置的用户设备通过为其服务的网络接入点访问边缘计算资源。令u_l为第l个用户,$l \in \{1, 2, \cdots, n\}$。

假设边缘服务器和基站或网络聚集设备(路由器、交换机)等边缘位置并置。J为不同网络接入点的服务覆盖区域的集合,根据用户分布密度,在选定的边缘位置上部署服务器集群$\{s_1, s_2, \cdots, s_k\}$,其中$k \geqslant 1$。$j \in J$表示第$j$块区域。图2-2描述了一个无线城域网内的11个基站、用户和边缘服务器部署示例。图中共有11个基站作为候选位置,每个基站覆盖一个服务区域,在服务区域内的用户设备发送请求从基站接入网络,然后本地管理器根据边缘计算集群中可用资源上下文情况进行负载分配。从图2-2中可以看出,边缘服务器部署位置A位于地理位置相对比较偏僻,租用价格相对于中心地区偏低,但是服务范围在一跳范围内用户分布密度大;同样地,位置B和C在服务区域一跳范围内用户分布密度大,在此处可以部署多个边缘服务器。可以看出,在实际的无线城域网范围内,由于网络接入点规模比较大、候选位置较多,在延迟、租用成本等多约束条件下,从成千上万的候选边缘站点寻找最优可行解是比较棘手的问题。

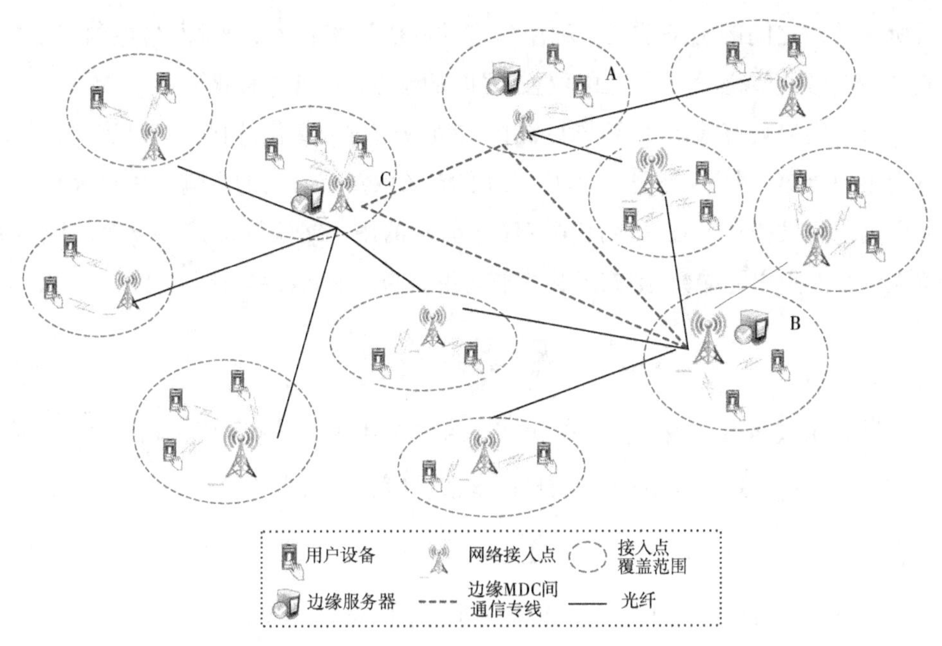

图 2-2　一个无线城域网内边缘服务器部署示意图

为了说明边缘服务器在候选边缘位置的部署情况，当决策变量 y_i=1 时表示边缘服务器部署在第 i 个候选边缘位置上；否则表示边缘服务器没有部署在第 i 个候选边缘位置上。由于一个区域内的用户请求可能分发到不同的边缘 MDC 中处理。因此，这里声明一个连续变量 $x_{ij}(0 \leqslant x_{ij} \leqslant 1)$，表示区域 j 内负载分配给位于边缘位置 i 的边缘 MDC 的负载比率。进一步地，定义非负整数变量 x_i 为位于边缘位置 i 的边缘服务器的个数。本章考虑不同服务区域内用户提交的服务请求数量，研究如何从候选集合 I 中选择 k 个不同边缘位置进行边缘服务器部署，实现低延迟和边缘服务器部署代价均衡优化的目标。

2.3.3.2　边缘服务器部署综合代价

边缘服务器部署综合代价由用户访问总延迟及边缘服务器部署成本两部分决定。

(1)用户访问总延迟：当用户访问请求被分发给一个边缘微数据中心进行处理时，用户请求通过其所服务的网络接入点后连接到边缘服务器所在的基站。因此，用户和边缘服务器之间的端到端的延迟包括两部分：用户和接入点之间的访问延迟及接入点和边缘服务器所在基站之间的网络延迟。由于用户和接入点之间的访问延迟不受边缘服务器部署位置影响，所以只考虑接入点和边缘服务器所在基站之间的网络延迟。利用先进的SDN网络技术，通过网络控制器，区域j接入点到边缘服务器所在的位置i之间的延迟d_{ij}[40-41]可以被监测。

由于用户具有移动性，不同区域内的负载随时空变化，因此，用户访问总延迟受用户分布、用户请求达到率及用户在该区域停留时间的影响。用户分布特征由用户密度描述。在区域j内采集δ个时隙的用户终端数，ψ_τ为第τ个时隙该覆盖区域的用户终端数，则该区域的平均用户密度如式(2–2)所示。

$$\overline{\psi_j} = \sum_{\tau=1}^{\delta}\psi_\tau \Big/ \delta \tag{2–2}$$

根据区域内平均用户密度$\overline{\psi_j}$、用户l的请求到达比率λ_l和用户在区域j内停留时间比例p_{lj}计算区域j的平均用户请求数量（负载）如式(2–3)所示。

$$\omega_j = \sum\nolimits_{l \in \{1,2,\cdots,n\}} p_{lj}\lambda_l\overline{\psi_j} \tag{2–3}$$

区域j内不同用户的请求被分发到所在不同位置的边缘集群。d_{ij}为区域j内接入点到部署边缘服务器的边缘位置i的通过逻辑链路访问对象引起的单位延迟，连续变量$x_{ij}(0 \leqslant x_{ij} \leqslant 1)$表示在区域$j$内分配给边缘位置$i$的请求负载的比率。则区域$j$内请求访问总延迟$T_j$如式(2–4)所示。

$$T_j = \sum\nolimits_{i \in I}\omega_j x_{ij} d_{ij} \tag{2–4}$$

(2)边缘服务器部署成本：当边缘计算基础设施提供商准备部署边缘服务器时，需要选取固定位置并配备基础设施，其部署成本由位置租赁价格等固定建设费用和部署服务器的价格来组成。f_i为边缘位置i的固定建设费用（含租赁架构及其他基础资源配置），g_i为服务器单价，χ_i为服务器节点数量。则边缘服务器部署成本定义如式(2–5)所示。

$$Cost_1 = \sum\nolimits_{i \in I}(f_i + g_i\chi_i)y_i \tag{2–5}$$

2.3.3.3　边缘服务器部署建模

一方面，为了实现处理用户请求的最小端到端访问延迟，需要将其分配给距离用户接近度最小的边缘计算资源。随着部署的边缘微型数据中心及其服务器的数量增加，用户请求处理的端到端延迟将相应减小。另一方面，边缘计算基础设施提供商必须在边缘服务器部署上投入更多的资金成本。因此，从边缘设施提供商的角度来看，其目标为利用最低部署成本来处理用户请求的最小端到端网络延迟,以实现部署成本与用户请求总延迟之间的权衡优化。服务器优化部署策略需要均衡考虑部署成本和用户请求处理的低延迟。边缘服务器部署代价包含边缘计算资源部署代价和总访问延迟代价,定义如式(2-6)所示。

$$\Gamma = \sum_{i \in I}(f_i + g_i\chi_i)y_i + \varsigma\sum_{i \in I}\sum_{j \in J}\omega_j x_{ij} d_{ij} \tag{2-6}$$

其中,ς是调节常量,用于调节访问总延迟代价和边缘服务器部署代价的占比,这里ς的定义如公式(2-7)所示。

$$\varsigma = \left\lceil \theta_2 \sum_{i=1}^{k}(f_i^{\max} + g_i c)\right\rceil \Big/ \left\lceil \theta_1 \sum_j \omega_j d_j^{\max}\right\rceil \tag{2-7}$$

这里,$\varsigma > 0$,$d_j^{\max}$为区域j内最远边缘服务器的最大延迟,c为边缘位置容纳服务器的最大个数,$\sum_{i=1}^{k}(f_i^{\max} + g_i c)$表示最高部署代价,$\sum_j \omega_j d_j^{\max}$表示区域$j$内所有用户请求的最大总延迟,$\theta_1$和$\theta_2$为均衡参数,$\theta_1 + \theta_2 = 1$且$\theta_1, \theta_2 \in [0, 1]$。因此,边缘服务器部署的综合代价最小化模型可描述为式(2-8)和式(2-9):

$$\mathbf{P1}: \min\left(\sum_{i \in I}(f_i + g_i\chi_i)y_i + \varsigma\sum_{i \in I}\sum_{j \in J}\omega_j x_{ij} d_{ij}\right) \tag{2-8}$$

$$\text{s.t.}\quad \begin{aligned}
&\text{C1}: \sum_{j \in J}\omega_j x_{ij} \leqslant s\chi_i, \forall i \in I \\
&\text{C2}: \sum_{i \in I} x_{ij} = 1, \forall j \in J \\
&\text{C3}: \chi_i \leqslant c y_i, \forall i \in I \\
&\text{C4}: \sum_i y_i \leqslant k, \forall i \in I \\
&\text{C5}: x_{ij} \in [0, 1], \forall i \in I, \forall j \in J \\
&\text{C6}: y_i \in \{0, 1\}, \forall i \in I \\
&\text{C7}: \chi_i \in Z_0^+, \forall i \in I
\end{aligned} \tag{2-9}$$

其中,s是单个边缘服务器与用户请求负载相关可用容量,c是边缘位置容纳服务器的最大值。可以看出目标函数式(2-8)保证在城域网范围内部署边缘服务器的部署代价和总延迟代价最小。式(2-9)中,约束C1限制分配的任务不能超过该位置边缘服务器集群的最大负载;约束C2确保所有的区域内负载分配给不同的边缘服务器集群。区域j内边缘服务器m的负载比率为0到1之间的连续变量;约束C3和约束C4确保城域网中部署的位置数量和总数量不超过限定的最大值;约束C5~C7定义变量的取值范围。其中,x_{ij}为连续型决策变量,y_i为整型二进制决策变量,χ_i为整型决策变量。由于在目标函数式(2-8)中出现了含有两个决策变量χ_i和y_i的乘积,所以该模型是非线性的。这里离散0-1整型变量y_i增加了求解的难度,被看作"复杂变量"。通过对边缘服务器部署成本最小化问题的模型分析,可以看出某位置服务器个数的变量为整型变量,区域中某边缘位置负载分配变量为连续变量,该边缘服务器部署模型为混合整数非线性规划问题(Mixed Integer Nonlinear Programming Problem,MINP)。

根据以上分析,边缘服务器部署主要包含两部分:基于用户和边缘位置接近度的边缘定位和基于用户分布和部署代价的边缘服务器节点数量确定。可以看出,多个边缘服务器部署问题既包括用户的归属,也包括边缘服务器在城域网范围内的空间定位,在候选的网络访问接入点中选择若干个位置,并把用户分配给该位置,可归纳为离散空间的有容量限制的多设施定位问题(Capacitated Facility Location Problem,CFLP)。由于本问题涉及城域网成千上万个网络接入点,问题规模较大,是NP完全的组合优化问题。因此,如何选取合适的求解整型规划的方法是保证边缘服务器优化部署精确性和高效性的关键问题。本章用到的符号及其含义如表2-1所示。

表2-1　本章用到的符号及其含义

符　号	含　义
$WMAN(V, E)$	一个城域网网络
I	边缘服务器部署候选位置集合
J	基站或路由器服务覆盖区域集合
y_i	是否在候选位置i放置边缘服务器决策变量
d_{ij}	区域j内接入点和边缘位置i的通过链路访问对象引起的延迟
f_i	边缘位置i的租赁价格
x_i	在边缘位置i中部署服务器的数量决策变量
x_{ij}	区域j中分配给边缘服务器集群i的负载比率决策变量
λ_l	用户l的请求到达比率
p_{lj}	用户请求l在区域j内停留时间比例
ω_j	区域j平均用户请求负载
k	选定的边缘微型数据中心部署位置总数

2.3.4　原问题的线性化过程

针对整型非线性规划问题P1,通过线性变换$\varphi_i = y_i \chi_i$,原问题转化混合整数线性规划问题P2如式(2-10),式(2-11)所示。

$$\text{P2: } \min\left(\sum_{i\in I} f_i y_i + \sum_{i\in I} g_i \phi_i + \varsigma \sum_{j\in J}\sum_{i\in I} \omega_j x_{ij} d_{ij}\right) \tag{2-10}$$

$$\text{s.t.} \begin{cases} \text{C1: } \sum_{j\in J} \omega_j x_{ij} \leqslant s\chi_i, \forall i \in I \\ \text{C2: } \sum_{i\in I} x_{ij} = 1, \forall j \in J \\ \text{C3: } \chi_i \leqslant c y_i, \forall i \in I \\ \text{C4: } \sum_i y_i \leqslant k, \forall i \in I \\ \text{C5: } \phi_i - \chi_i \leqslant 0, \forall i \in I \\ \text{C6: } \phi_i \leqslant c y_i, \forall i \in I \\ \text{C7: } x_{ij} \geqslant 0, \forall i \in I, \forall j \in J \\ \text{C8: } y_i \in \{0, 1\}, \forall i \in I \\ \text{C9: } \phi_i \in Z_0^+, \forall i \in I \\ \text{C10: } \chi_i \in Z_0^+, \forall i \in I \end{cases} \tag{2-11}$$

一般地,NP完全问题的解决方案可以采用精确算法和近似算法。常用的求解MIP的精确算法有分支定界法、Benders分解法等;近似算法有启发式算法和智能优化算法。分支定界法是计算量较大的基于搜索和迭代的确定性算法法。著名商业软件标准的数学规划优化器CPLEX在分支定界法的基础上,结合割平面、启发式等技术,能较快求解混合整数线性规划问题,目前在求解设施定位问题中得到了应用[42],但CPLEX可以求得中小规模混合整数规划问题的最优解,城域网环境下边缘服务器部署问题的规模比较大,CPLEX耗时太多不能求得最优解,甚至有可能无法得到可行解。针对大规模混合整数线性规划问题,由J.F. Benders提出的Benders分解算法则表现出了较好的性能[43-45]。因此本章采用Benders分解算法来解决该问题。

2.4 边缘服务器部署问题的Benders分解

Benders分解算法适合求解混合整数规划问题。它的基本思想是根据变量类型的不同,将原问题分解成包含复杂整型决策变量的主问题和只包含连续变量的子问题。在求解的过程中主问题和子问题迭代进行,主问题为原问题提供下界,并将得到的整数解传递给子问题;子问题为原问题提供上界,并向主问题返回Benders割,主子问题交替求解,直到上下界相等时算法停止,此时即得到原问题的最优解。

2.4.1 Benders分解算法的子问题

固定0-1整型问题变量y_i为$\bar{y}_i$可以分解出子问题P3，如式(2-12)，式(2-13)所示。

$$\textbf{P3:} \min_{x,\phi}\left(\sum_i g_i\phi_i + \varsigma\sum_{j\in J}\sum_{i\in I}\omega_j x_{ij} d_{ij}\right) \tag{2-12}$$

$$\text{s.t.}\begin{cases} \text{C1:} \sum_{j\in J}\omega_j x_{ij} \leqslant s\phi_i,\ \forall i\in I \\ \text{C2:} \sum_{i\in I} x_{ij} = 1,\ \forall j\in J \\ \text{C3:} \phi_i \leqslant c\overline{y}_i,\ \forall i\in I \\ \text{C4:} x_{ij} \geqslant 0,\ \forall i\in I,\ \forall j\in J \end{cases} \tag{2-13}$$

定义约束C1的对偶变量为$\alpha = \{\alpha_i \geqslant 0 | i\in I\}$，约束C2的对偶变量为$\beta = \{\beta_j | j\in J\}$，约束C3的对偶变量为$\gamma = \{\gamma_i \geqslant 0 | i\in I\}$，代入P3有

$\max -\left(\sum_i g_i\phi_i + \sum_{j\in J}\sum_{i\in I}\omega_j x_{ij} t_{ij}\right) + \alpha_i\left(\sum_{j\in J}\omega_j x_{ij} - s\phi_i\right) + \beta_j\left(\sum_{i\in I} x_{ij} - 1\right) + \gamma_i(\phi_i - c\overline{y}_i)$，则P3的对偶问题P4为式(2-14)，式(2-15)所示。

$$\textbf{P4:} \max\sum_j\beta_j + \sum_i c\overline{y}_i\gamma_i \tag{2-14}$$

$$\text{s.t.}\begin{cases} \text{C1:} \alpha_i\omega_j + \beta_j - \omega_j t_{ij} \geqslant 0,\ i\in I, j\in J \\ \text{C2:} \gamma_i - g_i - sa_i \geqslant 0,\ i\in I \\ \text{C3:} \alpha_i \leqslant 0 \\ \text{C4:} \gamma_i \leqslant 0 \end{cases} \tag{2-15}$$

如果P3有可行解，根据对偶原理，对偶问题P4存在有界解，并且该有界解为约束C1和约束C2组成的多面体Ω的极点，并可以得到一个最优的Benders割。如果P3不可行，则其对偶问题P4是无界的，此时对应Ω的一条极射线，可得到可行的Benders割。由此P3的最优Benders割为$\varsigma \leqslant \sum_j\beta_j^* + \sum_i c\overline{y}_i\gamma_i^*$，可行的Benders割为$\sum_j\beta_j^* + \sum_i c\overline{y}_i\gamma_i^* \geqslant 0$，其中向量$(\beta_j^*, \alpha_i^*, \gamma_i^*) \in P_\Omega$为多面体$\Omega$的一个极点，向量$(\beta_j', \alpha_i', \gamma_i') \in Q_\Omega$为多面体$\Omega$的一个极射线。假定$\varsigma$是Benders主问题的辅助决策变量。最优Benders割能提升Benders主问题的下界，可行Benders割能得到原问题有效的下界。由于产生最优的Benders割会使Benders分解算法的收敛速度加快。因此有更多最优的Benders割且限制可行的Benders割是使该分解算法加速的有效方法。

2.4.2 Benders分解的主问题

基于最优和可行的Benders割，主问题MP如式(2-16)，式(2-17)所示。

$$\mathbf{MP}:\min\left(\sum_i f_i y_i + \varsigma\right) \tag{2-16}$$

$$\text{s.t.}\begin{cases} C1:\sum_i y_i \leqslant k \\ C2:\varsigma \leqslant \sum_j \beta_j^* + \sum_i c\overline{y}_i\gamma_i^* \\ C3:\sum_j \beta_j^* + \sum_i c\overline{y}_i\gamma_i^* \geqslant 0 \\ C4:\varsigma \geqslant 0 \\ C5:y_i \in \{0,1\},\ \forall i \in I \end{cases} \tag{2-17}$$

虽然式(2-17)在理论考虑的线性约束条件较多，但这些约束在最优解处，只有小部分是起作用的积极约束。因此，可利用这些起作用的约束对应的极点和极方向，构造相对简单的表达形式。

2.5 基于Benders分解的边缘服务器部署算法实现

2.5.1 算法实现

基于Benders分解的边缘MDC部署算法如算法2-1所示。从算法2-1可以看出，在第2行中，初始化最大上限UB和最小下限LB，并选择可行的初始位置。在利用Benders算法求解边缘服务器部署的迭代过程中，在第7行，对偶子问题C_k为原问题提供上界，向MP问题返回Benders割对主问题进行约束，并更新了UB，形成新的求解边缘服务器配置的主问题。在第4行中，主问题MP的最优解是为原问题提供下限。由于在每迭代时UB不一定减小。因此，在第5行中，将上限选择为$UB=\min(C_k, UB)$，同时更新了LB。此外，为了避免MP主问题在前几次迭代中无限制，最初添加到MP的可行解决方案中生成了许多割。

算法2-1：基于Benders 分解的边缘MDC部署算法(Benders_SD)

Input: I: the AP set of base station; U: the user set; J: the area set

Output: Y: the deploy site set; χ_i: the server number of the deploy site i

Begin

1: initialize g_i, the server price; f_i, the price of an edge position ; s, the maximum load of a server; c, the largest server number in a single edge position which accommodates

2: initialize $UB = +\infty, LB = -\infty, k=0$;

3: do{

4: Select the initial server deployment scenario

$$\overline{y_i} = \begin{cases} 1, \text{ if } d_{ij} \leqslant D, \forall i,j \\ 0, \text{else} \end{cases}$$

5: In the first step, all nodes in the region j that satisfy the delay condition are selected for initial deployment

6: Initialize the main problem model MP(5-16)-(5-17)

7: Compute $C_k = \sum_j \beta_j + \sum_i c\overline{y_i}\gamma_i$ by(5-14) and(5-15)

8: if ($C_k < UB$) $UB = C_k$

9: Solving MP to get the lower bound Lk by Benders cut constraints $\varsigma \leqslant \sum_j B_j^* + \sum_i c\bar{y}_i\gamma_i^*$

10: if($lk > LB$) $LB = lk$;

11: if the MP problem has no solution, the original problem has no solution and the algorithm ends.

12: update $\overline{y_i}$ and χ_i by MP's solution

13: $k=k+1$

14: while(($UB - LB$)/$UB > 0.001 \parallel k < 100$)

End

2.5.2 算法正确性分析

边缘服务器部署模型为混合整数非线性规划问题(MINP)。Benders分解(包括广义Benders分解)算法是根据对偶理论,将MINP问题进行分解从而对问题求解的一种方法。该分解算法针对变量数据类型的不同,首先把边缘服务器部署问题的非线性规划问题进行线性化变换,接着把混合整型规划问题分解成主问题、子问题并进行轮换迭代求解。主问题MP用来求解服务器部署的位置,子问题SP用来求解每个部署位置服务器的数量及服务器资源分配的比率。在整个迭代求解的过程中，不断更新主问题MP的下限LB和子问题SP的上限UB，根据主问题和子问题求解的上限和下限的差别，以及子问题的求解结果，形成不同的Benders割约束添加到MP，并对其进行优化修正，直到满足条件，求出最优解。已有文献证明[43]，Benders分解算法在有限的步骤内可以实现收敛。由此可知，选择Benders分解算法能高效地解决边缘服务器优化部署问题。

2.6 边缘服务器部署算例

假设有5个边缘服务器部署的候选位置(如基站或路由器位置)，每个位置对应一个覆盖区域如图2-3所示。以10年为期限，每个位置的租用成本($)和5s内对应覆盖区域内用户请求负载的数量如表2-2所示。每个请求内容大数据大小为100M。每个边缘位置部署边缘服务器的数量最多不超过30个，每个服务器单价为$2 000每个边缘服务器最大处理能力为300个请求/次。每个区域内用户集合对应每个边缘站点的平均单位访问延迟如表2-3所示。其中决策变量有三个y_i,$x_{i,j}$和χ_i，其中y_i为二进制决策变量。

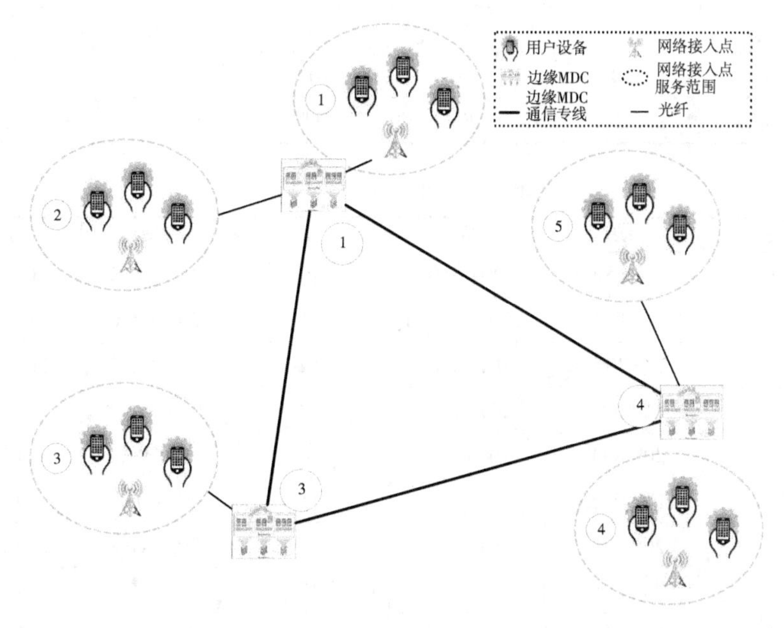

图2-3 边缘服务器部署算例示意图

利用Benders对边缘服务器部署进行求解，经过18次迭代后，$(UB-LB)/UB=0.000\ 62<0.001$，目标函数的上界为202 125，目标函数的下界为201 999，具体执行过程中UB和LB的迭代结果如表2-4所示。整个边缘服务器部署期间，第一个位置部署10台服务器，区域1和区域2的负载分配到边缘MDC_1的比例为100%；第3个位置部署4台服务器，区域3的负载分配到边缘MDC_2的比例为100%；第4个位置部署22台服务器，区域4和区域5的负载分配到边缘MDC_2的比例为100%。

表2-2 候选位置租用成本及对应覆盖区域内用户请求负载

	位置1	位置2	位置3	位置4	位置5
租用价格/$	20 000	50 000	40 000	60 000	70 000
对应覆盖区域内用户请求负载/（请求数量/个）	750	1 350	1 500	3 000	3 900

表2-3 覆盖区域内用户到对应边缘站点的单位访问延迟

单位：ms

	位置1	位置2	位置3	位置4	位置5
区域1	5	10	15	20	25
区域2	10	5	10	15	20
区域3	15	10	5	10	15
区域4	20	15	10	5	10
区域5	25	20	15	10	5

表2-4 *UB*和*LB*的迭代结果

k	*UB*	*LB*	*k*	*UB*	*LB*
1	216 584.3	201 640	10	204 187.8	201 737.5
2	212 941.1	201 655.2	11	203 476.6	201 747
3	210 296. 6	201 674.4	12	203 387.6	201 760.5
4	210 087.1	201 683.6	13	202 988.9	201 771
5	209 884.3	201 698.8	14	202 596.9	201 786.5
6	209 027.1	201 711.1	15	202 406.2	201 799
7	208 606.3	201 722.3	16	202 240.8	201 816.1
8	208 395.6	201 726.9	17	202 123.9	201 817.6
9	206 474.4	201 725.5	18	202 125	201 999

2.7 性能评估

实验测试在一台个人笔记本电脑上进行，其配有Inter(R) Core(TM) i7-3770 CPU@3.40 GHz的处理器，RAM 12.0 GB内存和1T硬盘空间，算法采用C++语言来编程实现。实验结果在相同条件下独立执行25次后取其平均值而得到。

2.7.1 实验设置

本章基于真实和合成网络拓扑数据集来评估所提算法的性能。每个用户请求的资源量为一个随机值，其范围为[50,200]MHz。每个服务器处理最大请求的数量是50个，并且边缘延迟是在5ms和50ms之间随机生成。假设移动用户通常一天大部分时间停留在几个地方，比如家庭和工作单位。因此，假设每个用户在5个BS覆盖的特定区域内的位置随机改变。假设边缘微数据中心的最大个数是网络接入点个数的10%。实验主要的系统参数设置如表2-5所示。

表2-5　系统参数设置

参　数	值
每个接入点用户请求个数	[50,200]
时隙长度/min	10
边缘位置和用户端接入点的延迟/ms	[5,50]
候选边缘位置数量	{200,400,600,800,1 000}
一个服务器的单价/$	1 000
一个边缘微数据中心最大服务器的数量	10
一个服务器最大负载(处理的请求个数)	50
边缘位置租用成本/$	[10 000,80 000]
均衡参数θ_1和θ_2	{0.1,0.2,0.3,0.4,0.5,0.6,0.7,0.8,0.9}

2.7.1.1 数据集

参考澳大利亚国立大学[28]、香港理工大学Cao J.N.团队[29]和文献[30]的实验设置，本实验真实数据集来源于我国香港地铁(HKMTR)[29]的网络拓扑结构，包括香港18个地区的对应18个潜在的边缘位置。每个地区的请求数量和AP覆盖区域内的人口数量成正比。图2-4为用作WMAN模板的香港地区地铁地图。虽然香港地区的网络拓扑结构不公开，但可以使用香港地区地铁地图来推断每个地区枢纽之间的有线连接，以表示WMAN中的有线集线器到集线器边缘。同时，为了测试算法的适应性，本书对相关数据集进行对比分析，如表2-6所示。

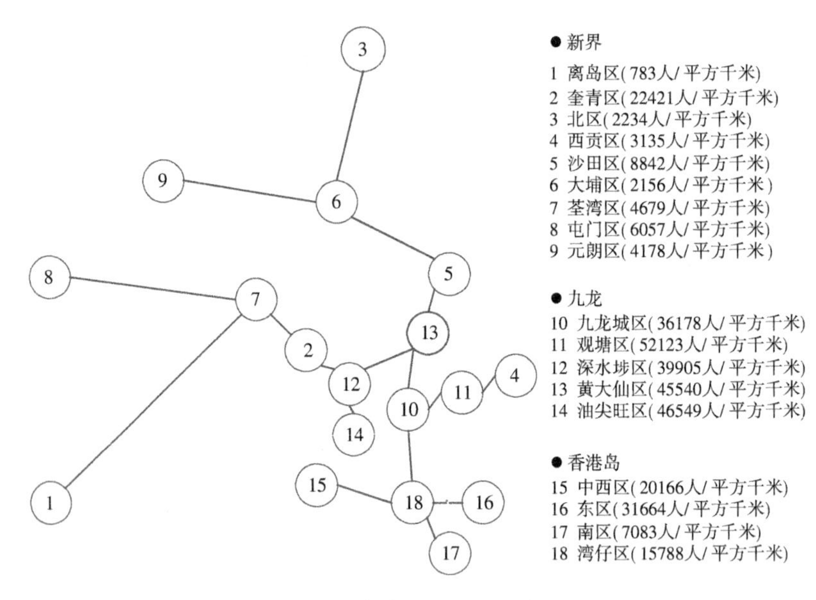

图 2-4 香港地区地铁分布图

表 2-6 已有研究中采用数据集的特征

研 究	采用的数据集	特 征
文献[28]	香港地区地铁无线网络拓扑,合成数据集	部署的范围为无线城域网络;真实数据集中边缘位置固定(18个);基于GT-ITM合成数据集边缘位置的变化范围从200个到1 000个,边与边的连接概率为0.02,假设边缘MDC的数量是网络规模的10%;每个AP接入点的用户请求数量随机值为[50,500]
文献[29]	香港地区地铁无线网络拓扑,合成数据集	部署的范围为无线城域网络(WMAN);真实数据集中边缘位置固定(18个);合成数据集中的网络拓扑结构为随机生成的无尺度网络;用户的数量为每个AP接入点150个
文献[30]	分布于全球的计算机群PlanetLab项目和中国大陆部署的测量节点	边缘位置部署范围为世界范围的网络拓扑和中国大陆范围的网络拓扑;用户需求延迟基于地理范围的不同分为50~90ms和20~40ms;用户数量基于地理范围的不同分别为1 116 000和20 000个
文献[27]	指定地理范围和边缘位置数量	覆盖范围为80平方千米的网络,每一个基站覆盖的范围为4平方千米;边缘位置数量为20个;用户数量为1 000人;用户请求为到达率平均值为2、方差为0.5的正态分布
文献[45]	合成网络拓扑结构	无线城域网范围;候选边缘位置的变化范围为200到1 000个,每个AP之间连接的概率为0.02;边缘延迟随机分布在[5,50]ms;每个AP的用户请求数量随机为[50,500];每个用户请求的资源量为[50,200]MHz

续表

研　究	采用的数据集	特　征
文献[36]	上海电信基站的数据集	其中包含访问3 233个基站的移动用户的互联网信息，有3 000个有效基站。数据集包含每个移动用户的基站访问的详细开始时间和结束时间

2.7.1.2 对比算法

为了评估提出的基于Benders分解的服务器部署策略(Benders_SD)的性能，本书选择负载最重优先放置算法[29]、贪心算法、混合整数规划优化算法进行对比分析。

(1)负载最重优先放置算法(HAF):是把边缘微数据中心部署在用户负载最重的网络接入点。根据用户累加的请求达到率对基站或边缘路由器位置从大到小排序,在前k个位置边缘位置部署边缘计算资源。但HAF算法有两个主要缺点:第一,工作负载最重的接入点并不总是与用户最接近的;第二,将用户分配到最近的边缘MDC可导致用户分布不均匀,会使某些边缘MDC负载不均衡。

(2)贪心算法(Greedy):贪心算法的部署策略是从候选边缘位置中逐个选择边缘站点。在第1轮,它选择一个实现最小、最大用户服务器往返延迟时间的站点,按照这样的策略,其余在k-1轮中共选择出k-1个边缘站点。当所选边缘站点满足所有用户的带宽需求时,该选择过程结束。

(3)混合整数规划优化算法(CPLEX):IBM公司的WebSphere ILOG CPLEX算法能够以最快的速度最可靠地实现基本算法。CPLEX提供灵活的高性能优化程序,解决混合整型规划等问题。

2.7.1.3 性能指标

性能评价指标包含边缘MDC创建代价($)、用户访问总延迟(s)及综合代价,其中综合代价由式(2-6)得出,综合代价的单位由时延(s) 和创建代价($)共同决定,本章以$S$($)表示。

2.7.2 实验结果及分析

2.7.2.1 调节参数θ_1敏感性实验测试

设置延迟敏感性参数θ_1的取值分别为{0.1,0.2,0.3,0.4,0.5,0.6,0.7,0.8,0.9},θ_1越大,说明对延迟越敏感,本实验设置候选的边缘位置为200个。

从图2-5可以看出,随着调整参数θ_1的逐渐增大,边缘MDC的创建代价逐渐增大。图 2-6 描述了总端到端延迟代价随着参数 θ_1 的增大而逐渐变小的过程，较大的 θ_1 使边缘服务器部署对端到端延迟更加敏感。当 θ_1 增加时，本章提出的算法更加关注延迟代价，所以需要部署更多的边缘服务器来降低延迟，对应的边缘 MDC 创建成本增加。可以看出，调整参数对算法的结果影响较大。

图 2-7 描绘了综合代价随着调整参数 θ_1 的变化情况。当 θ_1=0.2 时，综合代价最小。

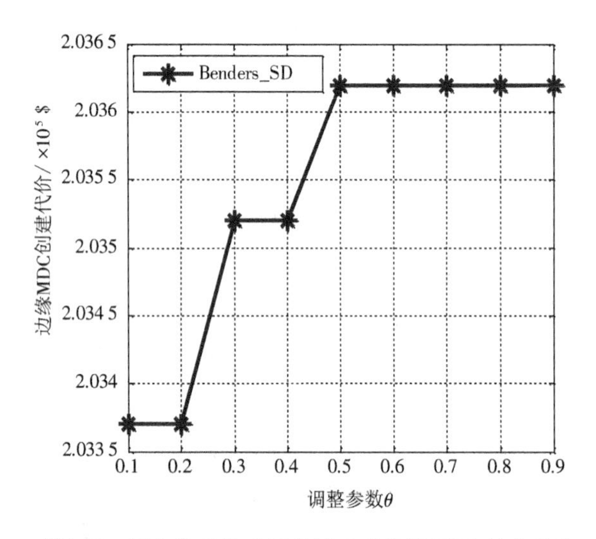

图 2-5　调整参数值不同的情况下边缘 MDC 创建代价

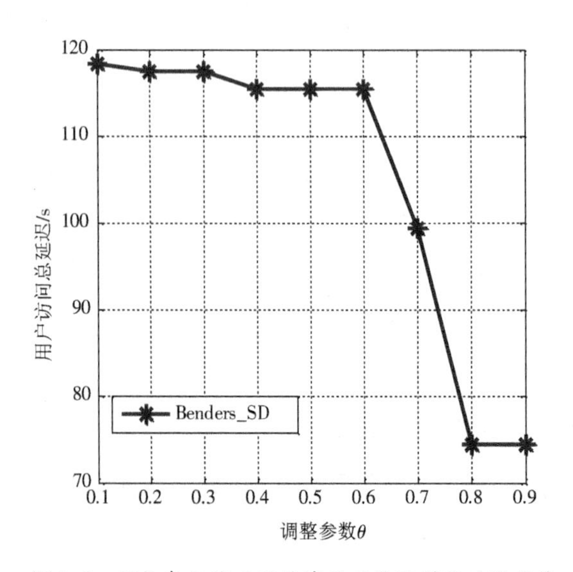

图 2-6　调整参数值不同的情况下总端到端延迟代价

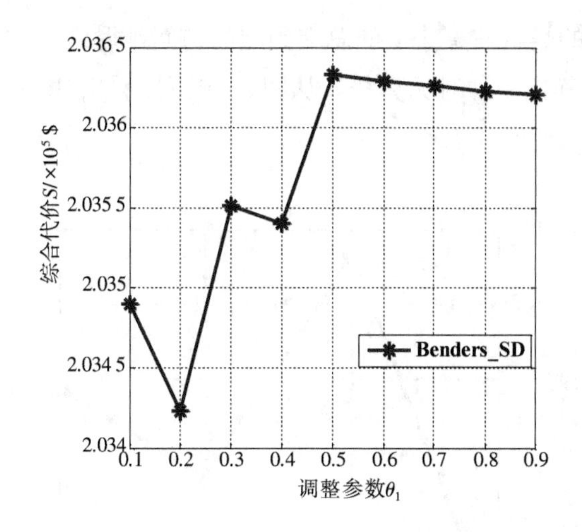

图 2-7 调整参数值不同的情况的综合代价

因此,本章综合考虑边缘计算服务提供商和用户的综合利益,以综合代价最小为目标,设置系统调整参数 θ_1=0.2。

2.7.2.2 小网络服务区域下边缘MDC部署算法性能评估

本实验以真实的香港地区地铁网络HKMTR数据集来对本章提出的边缘服务器部署算法进行评估,AP接入点为18个,选择其中的3个作为部署位置。本组实验依托参数敏感性实验结果,设置系统调整参数 θ_1=0.2。

图 2-8 展示了 Benders_SD、HAF、Greedy 和 CPLEX 四种算法下的边缘 MDC 创建代价。可以看出本章提出 Benders_SD 算法创建代价最小,分别优于其他三种对比算法,HAF算法的服务器部署代价最大。

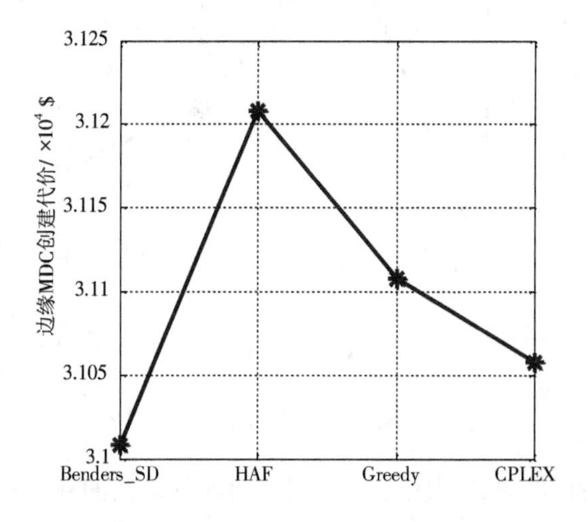

图 2-8 对比四种算法的边缘 MDC 创建代价

图2-9描绘的是四种算法下的总端到端的访问延迟代价，本章提出的Benders_SD同样优于其他三种对比算法。从图2-10可以看出，Benders_SD的综合代价比HAF、Greedy、CPLEX都低。

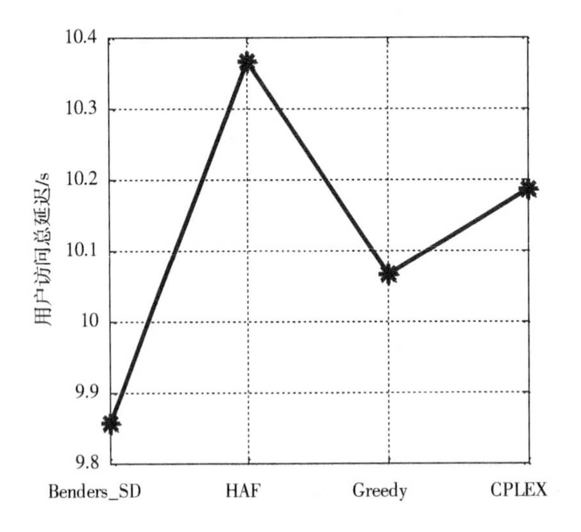

图2-9　对比四种算法下的总端到端的访问延迟代价

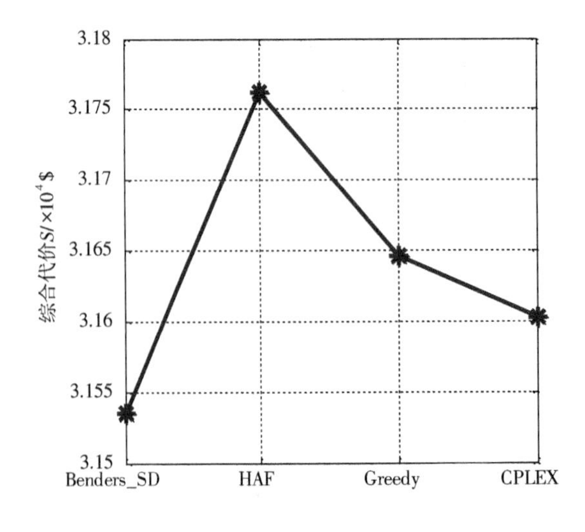

图2-10　综合代价

综合以上对比结果，以HKMTR数据集对四种算法的评估结果来看，本章提出的Benders_SD在边缘MDC创建代价、端到端延迟及综合代价三个方面，表现最优,能够最大限度地降低边缘计算基础设施提供商的成本、减少用户访问的端到端延迟。

2.7.2.3 不同候选边缘位置数量下边缘MDC部署算法评估

本组实验利用合成的网络数据集,网络规模变大,网络中候选边缘位置数量从200变化到1 000。每个候选边缘位置(AP接入点)的用户请求个数变化的范围为[50,200]。

从图2-11看出,当候选边缘位置数量从200变化到1 000时,边缘MDC创建代价逐步增加,本章提出的Benders_SD的创建代价明显低于HAF和CPLEX代价,稍微接近但仍然优于Greedy。当候选边缘位置数量等于800,Benders_SD算法的创建代价比Greedy节省$125 819,比HAF节省$307 839;当候选边缘位置数量等于1 000,比CPLEX节省$309 072。这说明,随着候选边缘位置数量的增加,Benders_SD更加具有优势。

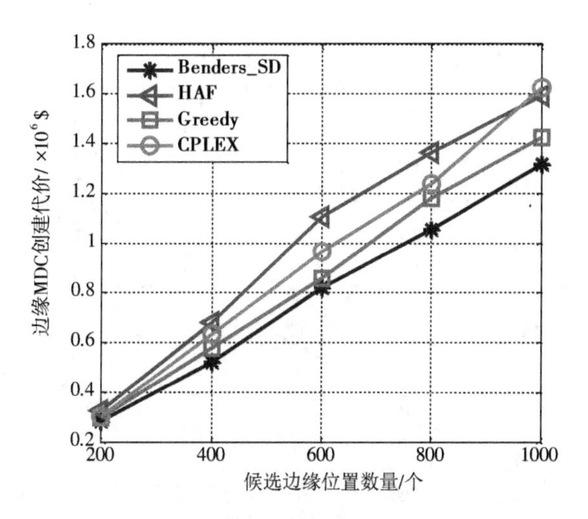

图2-11 不同候选边缘位置数量的边缘MDC创建代价

图2-12描述了随着候选边缘位置数量的增加,总端到端延迟也随之增加,Benders_SD优于其他三种算法。同时可以看出,随着问题规模的变大,CPLEX性能变差。图2-13描述了随着网络规模的增大、候选边缘位置数量的增加,四种算法的关于综合代价的表现和边缘MDC创建及整体端到端延迟代价的趋势表现一致。Benders_SD与三种对比算法相比,表现最好。

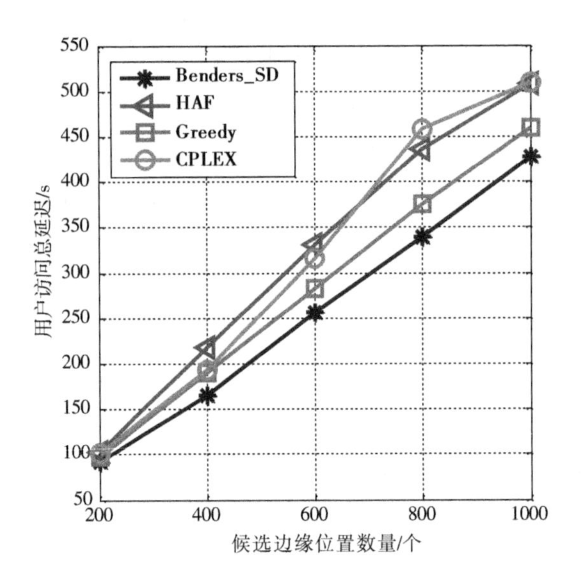

图 2-12　不同候选边缘位置数量的总端到端延迟

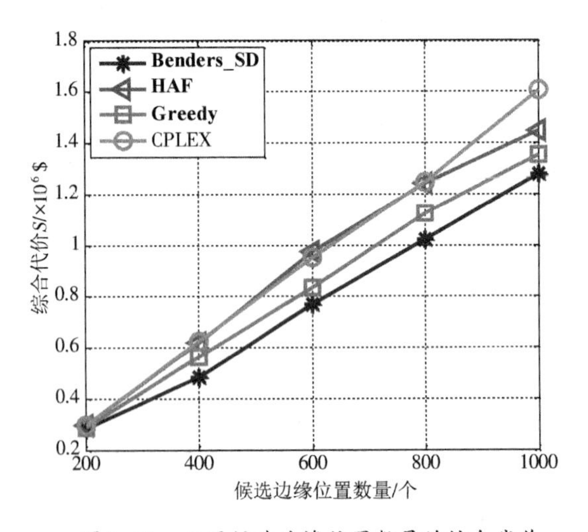

图 2-13　不同候选边缘位置数量的综合代价

2.8　本章小结

如何为边缘服务器选址并确定该位置服务器数量以实现用户低延迟需求和

节点利用率均衡是边缘服务器部署亟待解决的问题。本章建议了成本感知的边缘服务器优化部署方法，通过资源分配比率、区域平均负载、用户与为其服务的边缘节点位置之间的访问延迟，建立基于边缘服务器部署和访问成本最小化的目标函数，利用Benders分解算法进行求解。仿真结果表明，该策略与传统服务器部署策略相比，更加准确地规划出边缘MDC的位置及每个边缘服务器的数量，在保障用户低延迟应用需求的同时使整体边缘服务器部署成本较低。

第3章

边缘计算环境下多组件应用的计算卸载策略

3.1 引言

由于尺寸和重量的限制,物联网终端设备处理能力不足且电池容量有限,难以为计算密集型和交互密集型的物联网应用提供高效实时的处理。因此,用户设备资源受限和电量问题已成为实现物联网业务增值的瓶颈。目前,除了对用户终端设备的电池技术进行研究外,从软件技术方面,比如采用代码优化[46]、漏洞检测和消除[47]等,也只是有限缓解了终端设备能耗。因此如何扩展物联网终端设备的资源并延长待机时间、提升物联网应用性能和用户满意度已成为亟待解决的关键问题。

计算卸载能解决用户终端资源受限问题,是延长用户设备电池寿命的有效途径[48-52]。终端设备通过把应用中的负载卸载到边缘/云计算节点中,利用边缘/云计算节点收集、存储和处理数据,从而降低终端设备的应用执行时间并降低其能耗。需要进行计算卸载的应用程序一般具有严格的实时要求,通常需要非常低的计算和通信时延。因此,本章研究的边缘计算中的计算卸载技术是对应用进行识别、分离并将其分流到边缘服务器或远程云中的过程,主要包括应用如何划分、何时卸载、放置到哪里执行三个关键环节。在处理物联网应用的过程中,通过边缘微数据中心、云数据中心和用户设备的协同,利用边缘和云数据中心中性能较高和种类较多的资源(如更快的CPU、网络和更大的内存空间等),将物联网应用中资源消耗密集的计算任务从用户端迁移到边缘服务器或远程云上执行,从而扩展用户终端的任务处理能力,提升应用性能的同时降低用户访问延迟和终端能耗。

目前已有学者较为深入地研究了移动云环境下从移动设备端到云端与计算卸载技术密切相关的因素,比如应用划分、卸载策略和通信网络等。美国杜克大学的Cuervo等[53]最早提出了任务迁移实现框架MAUI,该框架利用微软.NET公共语言运行时实现从用户终端把计算卸载到云端,以"方法"为卸载粒度,实现细粒度计算迁移。但是MAUI只能对.NET应用进行计算卸载,不能对第三方软件进行识别划分。在Android平台上实现了自动卸载的CloneCloud系统[54]完全不需要开发人员的参与。但由于CloneCloud系统采用了静态划分机制,生成的静态划分机制无法应对复杂的上下文和环境资源的动态变化情况,以及运行时划分方案相比适应性较差。佐治理工学院的Shi等[55]提出的COSMOS以风险控制方式进行卸载决策。由于计算迁移到远程云会导致较大的网络延迟,卡耐基梅隆大学的Satyanarayanan[11]第一次提出Cloudlet的概念并利用Cloudlet来扩展移动终端设备的能力。比利时根特大学的Verbelen等[56]在增强现实应用中利用Cloudlet平台以组件为卸载粒度进行细粒度的计算卸载。Roy等[57]提出了适用于多个Cloudlet环境下的基于应用感知的Cloudlet选择的卸载方法。从上述文献中,可以看出已有文献主要研究设备和云端及设备和Cloudlet之间的计算卸载,云-端-边三层资源协同的多组件应用卸载方案的研究还较少。

本章提出边缘计算环境下多组件应用的计算卸载策略。该策略主要由基于模糊聚类的应用划分和基于动态子图匹配的多组件应用放置两部分组成。其创新性体现在:第一,考虑物联网应用组件的行为特征属性和边缘计算环境下"终端-边缘-云"资源的特征,以最小化作业完成时间和用户设备能耗的综合代价为目标,把边缘计算环境中的计算卸载问题建模为0-1整数规划问题。第二,该策略首先根据组件间的隶属度来确定聚类关系,利用模糊聚类算法对多组件应用进行合理划分;然后提出了基于动态子图匹配的多组件应用计算卸载方案。

3.2 应用案例:增强现实应用

增强现实应用[3]是利用计算机系统提供的信息增强用户对现实世界的感

知，将真实世界信息和虚拟世界信息“无缝”集成，实现对现实世界增强的新技术。它实时地计算摄影机影像的位置及角度并加到相应图像、视频和3D模型上，把原本在现实世界的一定时间空间范围内很难体验到的实体信息（视觉、声音、味道及触觉等），通过计算机模拟仿真后再叠加，将虚拟的信息应用到真实世界，被人类感官所感知，从而达到超越现实的感官体验。比如，将增强现实应用和游戏相结合，可以让用户置身于一个游戏世界。栩栩如生的虚拟怪兽可能出现在街角的公园里，与虚拟物体互动，仿佛它们就在眼前，沉浸于超乎想象的乐趣之中。

增强现实应用由视频获取、渲染器、跟踪器、重新定位器、映射器及对象识别等组件组成，如图3-1所示[58-59]。其中，因为视频获取和渲染器与硬件设备相关，需要特定的对象捕获硬件并在用户设备端执行。为了获得可接受的性能，跟踪器和重新定位器应该在30~50ms内完成数据帧的处理，所以重新定位器和跟踪器组件有时延限制（小于或等于50ms）。映射器组件不断精练和拓展3D地图。因为映射器和对象识别组件没有严格的时延限制，所以该组件最好在具有一定CPU资源的云端运行。AR应用在执行过程中，组件之间的交互流程如下：视频获取组件从用户设备的相机中提取视频帧，接着通过跟踪器对视频帧进行分析，并由渲染器与增强现实叠加层一起渲染，然后渲染器把相机中的每一帧与3D对象叠加在一起并在屏幕上呈现。特别地，这些3D对象需要根据跟踪器估计的相机姿势进行对齐。跟踪器分析视频帧并通过将一组2D图像特征与已知的3D特征点进行图匹配来计算相机姿势，映射器生成并更新3D特征点的地图。映射器通过接收跟踪器不断发送过来的视频帧生成地图并进行细化。通过匹配一组稀疏的关键帧中的2D特征，映射器可以估计它们在场景中的3D位置并生成有特征点的3D地图。如果在视频帧中未找到2D图像特征，则重新定位器组件会尝试重新定位摄像机位置，直到跟踪恢复为止。在映射器的关键帧中，对象识别组件尝试定位已知对象。各个组件之间的对应关系如图3-1所示。

由此可见，增强现实应用对大量的数据存储和复杂的图像进行处理并要求快速响应，需要较多的能量消耗和较强的本地计算能力，对电池容量和计算能力有限的终端设备来说是比较大的负担。边缘计算提供的本地计算服务，可以降低回传网络的数据传输量，减少用户等待时间。云计算拥有无限的计算资源和强大的计算能力，能够提供大量的复杂数据分析任务。系统把提交到终端的任务以组件为粒度分流到边缘服务器上或远程云中，能够节约终端能耗并提升应用的执行性能。

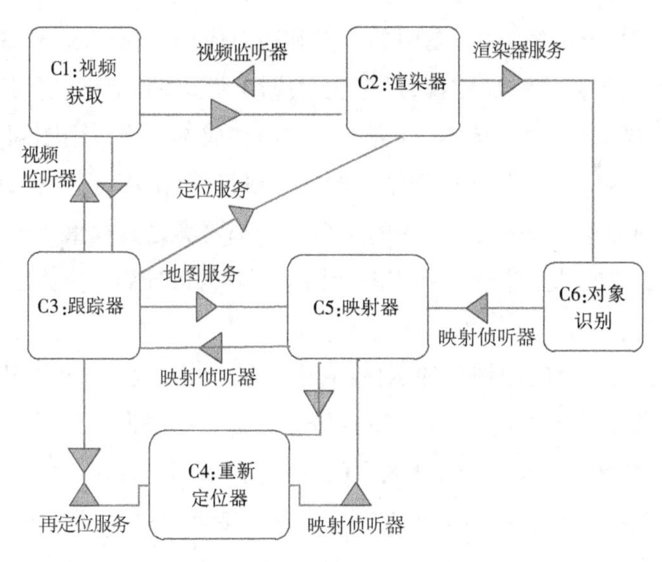

图 3-1 增强现实(AR)应用组件图

3.3 边缘计算环境下的计算卸载研究现状

计算卸载[48-49],也称计算迁移[50-51]、任务迁移[52,55],是指将电池电量、计算和存储资源受限的用户设备的全部或部分的计算任务分流到其他资源较充足的计算平台中执行的过程,这里其他计算平台目前主要包括代理[60]、边缘微数据中心[61-64]和远程云数据中心[65-68]等。边缘计算环境下的计算卸载技术是对应用进行识别、分离并将其分流到边缘MDC或远程云中的过程,其主要目的是扩展用户终端的资源,延长其待机时间,从而提升智能终端的性能,主要包括应用划分和应用放置等关键技术环节。

3.3.1 应用划分

在进行卸载决策之前,必须确定应用中哪些部分可以卸载,较好的应用划分方案可以提高卸载效率。因此需要对应用进行合理划分。根据应用的组件及其功能,目前对应用划分的建模类型主要分为三类:基于图划分的模型[69-70]、线性规划模型(ILP)[68,71]及图和线性规划的混合模型[53-54]。

在基于图划分的模型中，图中的顶点和边对应用的执行状态、成本模型、内部依赖性、数据流和控制流建模，用于表示应用的部件和上下文信息，可以包括可用资源、数据大小、通信成本、计算成本和内存成本。将应用图划分为多个不相交的分区是将应用卸载到远程服务器的重要步骤，采用合适的图模型可以提高划分决策的效率。基本上，应用的每个划分都要满足其权重小于或等于服务器的可用性资源的约束条件。利用图结构建模获得最佳划分方案已经证明属于NPC问题[72]。

图3-2表示一个应用划分的示例，它由4个组件C_1、C_2、C_3和C_4组成，展示了用户设备和服务器之间的一个可能的划分：把C_1和C_2作为一个划分在用户设备端执行，C_3和C_4作为一个划分，分流到服务器上。给定a,b,c为输入数据，a_1,b_1，d_1,a_2和d_2为组件之间产生的中间数据，r为输出结果，目标为选择组件中的哪些作为卸载对象。假设，a_1,b_1和d_2数据体量较大。一般地，数据通信量较大的组件尽量在同一个位置上，这样组件之间的数据通信就不通过网络交互，可以减少通信时间。此外对于一些可能需要大量计算的组件（函数），还应当考虑在用户终端上执行计算的能耗。

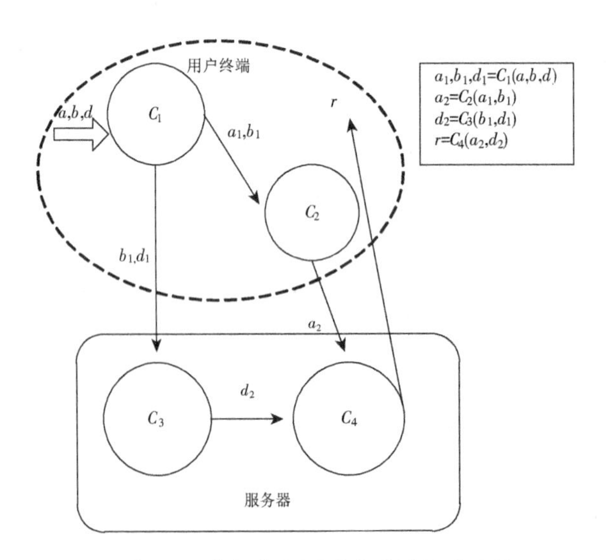

图3-2　多组件（函数）应用划分的示例

目前已有研究利用各种算法来对应用是在用户设备端或是服务器之间计算进行划分。Verbelen等[69]以组件为划分粒度，为了实现带宽消耗的最小化目标，提出了混合划分算法。在问题规模比较小时，采用IBM的ILP求解器CPLEX求解;在解空间变大的时,分别提出了基于启发式的多级图划分算法(MUKL)、模拟退火算法(SA)及基于SA的图划分算法。但是这些混合算法以最小化带宽为实现目标,没有充分考虑系统能耗问题。Yang等[68]侧重于数据流应用程序的划分,并使用数据流图来建模应用程序,利用遗传算法实现最大化请求的吞吐量。Cuervoy等[53]提出了能耗感知的细粒度卸载的MAUI系统,证明了基于全局优化的卸载方法优于局部优化,把计算划分问题归约为优化问题。该研究采用图结构对应用程序进行建模,其中每个顶点表示一个方法,其属性包含计算执行时间成本和能耗成本;每条边代表方法调用,其属性包括远程数据传输的时间和能耗成本,图3-3展示了人脸识别应用模块调用图。然后把应用划分问题用0-1整数线性规划(0-1 ILP)进行建模。但是该文献的不足之处在于仅能实现对.NET应用的划分,并需要开发人员对可卸载的代码标注。因此,应用划分的自动化程度不高。Chun等[54]提出的CloneCloud采用在远程服务器端克隆整个用户设备环境的方法,当用户终端的计算机资源不足时,可以应用程序迁移到远程计算机并快速重新启动应用。Kosta等[73]提出了移动云计算中应用的并行处理卸载框架ThinkAir,通过采用方法级的细粒度卸载策略,解决CloneCloud对移动应用输入及环境条件的限制。Zhang等[74]提出了一种弹性应用程序编程模型。其特点是它在资源受限设备和远程云之间提供了一系列弹性模式。

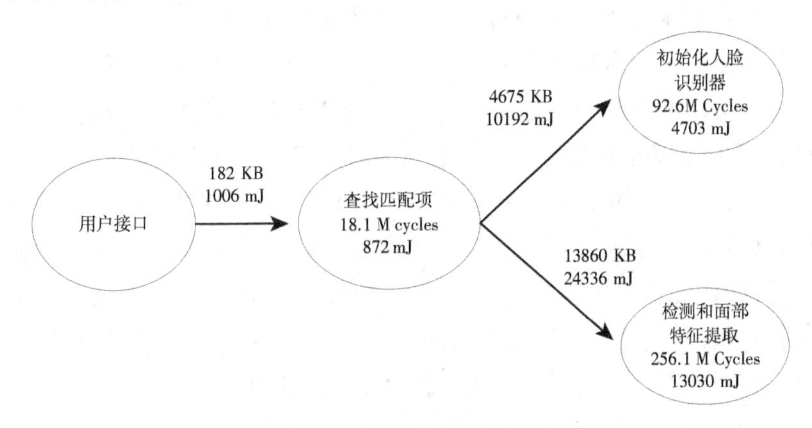

图3-3 人脸识别应用模块调用图

3.3.2 应用放置

应用放置在计算分流的过程中起着至关重要的作用,因为它决定了计算是在终端、边缘还是在远程云端,抑或联合进行。关于应用放置策略,已有研究考虑终端电量受限，将移动终端的任务分流到远程云或边缘服务器中。Badri等[75]为最大限度地降低了执行成本，实现应用程序在边缘服务器高效放置的目标，把边缘计算系统中的应用放置问题建模为多阶段马尔科夫链随机规划模型，并设计了一种基于样本平均近似方法的新型并行Greedy来解决。Mahmud等[76]面向IoT应用，针对雾计算的分层、分布式和异构性和户期望的多样化特点，把用户体验质量（QoE）量化并提出了一种QoE感知的应用放置策略，该策略包含了基于模糊逻辑的方法对应用请求按优先级进行排序并基于用户期望和当前状态计算Fog实例的性能进行分类；为保证用户QoE收益最大化，利用线性优化映射把应用放置的请求和Fog实例进行匹配。但是文献[75-76]都没有考虑到应用之间各个组件之间的关系，应用放置只在单个边缘服务器端进行，没有考虑“终端-边缘-云”资源之间的协同处理问题。Spinnewyn等[77]在计算节点失效成为常态的地理分布式云环境中研究具有关键任务的应用弹性放置策略。该研究和副本容错机制相融合，把问题建模为整数线性规划问题ILP，并首先提出了一个精确的解决方案；其次，利用分布式的GA算法来搜索应用的最佳位置；最后，用子图同构集中算法实现以最优的成本对应用进行超快放置。但是，该研究没有考虑到边缘计算环境。Wang等[78]解决边缘计算环境中用户-边缘-核心云三层资源下应用组件放置问题。将应用和物理资源抽象为图结构，利用在线近似算法求得应用放置最优解，但该算法没有考虑到计算资源的频繁更新问题。

还有其他各种计算卸载策略对能耗或延迟进行优化。Wang等[79]将动态电压调节技术与计算卸载相结合，将非凸最小化能耗问题利用变量代换技术转化为凸问题，提出了基于单变量检索的能耗局部最优的部分卸载算法，以实现智能设备能耗的最小化。Wu等[80]在移动云计算环境下考虑在从不卸载、部分均衡卸载和全部卸载三种情况，对执行时间和电池能耗进行权衡，提出了自适应卸载模型，寻找最优的卸载决策时机。Yang等[81]考虑在5G网络中小区网络架构的任务卸载问题，并从任务计算和通信两个方面对卸载的能耗进行了建模。在计算能力和服务延迟要求的约束下最小化系统总体能耗，利用人工鱼群算法（AF-SA）来解决能量优化问题。在5G移动边缘计算环境下，Ketykó等[82]针对任务卸载到云端的延迟较长问题，考虑无资源限制的弹性资源共享卸载方案和有资源限制的计算卸载两种情况，提出基于博弈论的解决方案和启发式求解方法。Mubeen等[83]通过对云计算、雾计算和物联网（IoT）的研究，开发了控制系统应用原型，针对在本地、卸载到云或雾中执行的三个场景进行研究，应用缓解机制来处理延迟和抖动。针对用户由移动超出Cloudlet服务范围导致用户设备和

Cloudlet之间的连接可能中断问题，Truong-Huu等[84]提出了动态机会卸载算法。该算法利用马尔可夫决策过程(MDP)模型，取得最佳的卸载时机从而使卸载和处理成本最小化。为了刺激云服务运营商和本地边缘服务器所有者参与计算卸载，Liu等[85]研究云服务运营商和边缘服务器所有者之间进行Stackelberg博弈，以获得最优计算卸载代价，并最大化云服务运营商和边缘服务器所有者的效用值。

与以上研究不同的是，本书提出了边缘计算环境下多组件应用的计算卸载策略。该方法考虑物联网应用组件的行为特征属性和边缘计算环境下“终端-边缘-云”资源的特征，分别用查询图和数据标签图来进行描述。利用模糊聚类算法对组件聚类，实现对物联网应用准确划分。然后综合考虑时延和能耗，分别计算本地和边缘节点的综合代价，判断是否达到卸载条件；分析用户位置和“终端-边缘-云”边缘计算环境中计算、存储、网络资源等上下文信息，当达到卸载条件时，采用基于动态子图匹配算法进行多组件应用计算卸载。

3.4 边缘计算环境下计算卸载问题描述及建模

由于用户设备(如智能手机、平板电脑、谷歌眼镜等可穿戴设备等)的处理能力和电池电量有限，难以执行时延敏感、计算密集型物联网应用，利用计算卸载技术可将计算任务分流到本地边缘服务器或远程云中。此过程需要合理地应用划分方案和高效的放置策略，来提升系统的服务质量和用户满意度。

在进行计算卸载过程中，网络是系统互联与数据传输的基石。网络设施及通信是用户设备、边缘MDC及云数据中心之间进行交互的基本保障。在面向物联网应用的协同云边计算环境中，主要包含有线通信和无线通信两种网络通信方式。有线通信主要指的是云/边缘数据中心内部的通信、云/边缘数据中心之间的通信及基站(或网关、路由器)与边缘数据中心之间的通信；而无线网络通信指云/边数据中心与用户设备的通信。其中，无线网络接入技术包括蜂窝网络(4G/5G)、蓝牙和Wi-Fi技术等。由于网络部署密集，一般的物联网设备可以切换到任何可接入网络。因此，物联网用户终端设备可以连接边缘MDC。边缘MDC紧邻用户设备，它可以提取到接入设备的信息，分析用户行为模式，接收用户设备分流的计算任务。

3.4.1 问题描述

物联网应用的计算卸载是网络中对终端设备节能和应用执行性能产生影响最大的关键环节，主要与卸载网络环境、卸载决策策略、卸载执行时间和能耗评估模型等密切相关。因此，在边缘计算环境下的应用卸载过程中，根据“终端-边缘-云”三层资源的上下文情况、卸载执行时间和能耗模型，考虑系统能耗和性能的折中问题(服务质量与服务体验折中的问题)，如何对物联网应用进行合理划分、进行科学的卸载决策是实现节能和低延迟应用保障的关键。

在边缘计算环境下，多个用户终端设备向系统提交密集交互的物联网应用服务请求。由于用户终端资源和电池容量有限，系统利用通信网络把物联网应用的全部或部分任务迁移到本地的边缘服务器或远程云资源上执行。本章称应用为“作业”，以下章节“作业”和“应用”含义相同，边缘计算环境下计算卸载问题可以描述为：

给定“终端-边缘-云”协同的三层计算资源，物联网的用户终端设备向边缘计算系统提交作业请求，考虑用户终端的资源和能耗、边缘微数据中心及远程云的可用计算、存储资源及服务器间的链路资源等上下文情况，本章的任务是选择合理的应用划分方案和应用放置策略，把需要处理的任务合理卸载到可用的边缘计算节点或远程云资源上，实现低延迟物联网应用实时性处理与用户设备能耗的均衡优化的目标。

3.4.2 问题建模

本章考虑一个具有终端设备集合 UE、多个边缘计算服务器集合 ES 及云端 CS 组成的“终端-边缘-云”三层计算资源集合环境。其中，作为服务的入口点，终端设备 $ue_i \in UE$ 具有一定任务处理能力。

3.4.2.1 系统模型

(1)边缘计算环境下云网络资源模型：将边缘计算环境下的云网络资源抽象为数据标签图模型[121-122] $ADG=(V,E,\Sigma,L)$，其中顶点集合 $V=ES\cup CS=\{s_1,s_2,\cdots,s_k\}$ 为有限的边缘服务器 ES 或云服务器 CS 集合，第 i 个服务器 $s_i\in V$。边的集合 $E=\{e_1,e_2,\cdots\}\subseteq V\ V$ 代表边缘计算资源图的通信链路边集合。Σ 为含有顶点或边属性信息标签集合，L 为具有属性映射功能的标签函数，该函数将边缘计算环境的计算、存储及链路资源信息分配到数据图中。

(2)物联网应用模型:给定一个物联网应用j的n个组件集合$C_j=\{c_j^1,c_j^2,\cdots,c_j^n\}$,假设每个组件有$m$个特征$c_j^i=\{c_j^{i,1},c_j^{i,2},\cdots,c_j^{i,m}\}$。将其抽象为查询图$ADQ_j=\{C_j,EC_j,LC_j,p_j\}$,其中,$C_j$和$EC_j$分别为代表应用组件和组件间关系的集合,$LC_j$为标签函数,$p_j$为谓词函数,该函数为每一个顶点指派一个谓词,即利用谓词p_j来指定搜索条件。比如,$p_j(c_j^i,v_a)$定义谓词$LC_j(c_j^i)\ op\ L(v_a)$,其中组件c_j^i为查询图中的一个顶点;v_a是一个在数据图(描述边缘计算中服务器节点源)中被c_j^i匹配的顶点;op为从比较运算集合中$\{<,\leqslant,=,\neq,\geqslant,>\}$选取的运算。这里主要关注"$\leqslant$"运算,即搜索需要放置的组件资源小于或等于边缘计算环境下的顶点或边的资源。边$EC_j=\{ec_j^1,ec_j^2,\cdots,ec_j^k\}$,$EC_j\subseteq C_j\times C_j=\{(c_j^g,c_j^h)\mid c_j^g,c_j^h\in C_j$且$i\neq j\}$为任意两个组件间的调用关系。组件$c_j^x,c_j^y$之间可以信息共享。设组件$c_j^i$包含的属性计算信息$c_j^i\triangleq(d_j^i,d_j^{i\prime},b_j^i,t_j^{i,dl})$,其中,$d_j^i$表示组件输入数据的大小,$d_j^{i\prime}$表示输出数据的大小,$b_j^i$表示需要完成组件任务所需要的CPU的周期数。$t_j^{i,dl}$表示该组件的最大延迟时间。因此,多组件物联网应用可以用有向无环图(DAG)来表示,如图3-4所示。

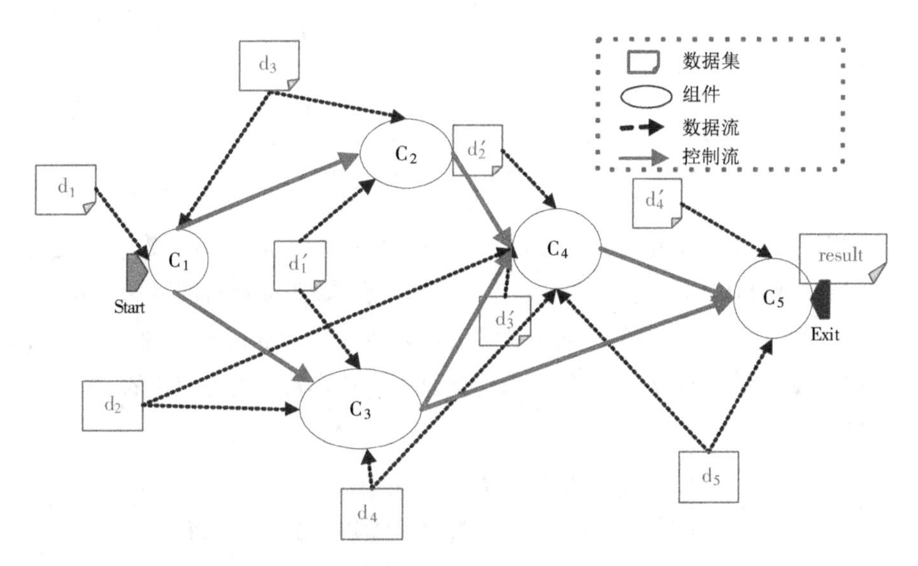

图3-4 物联网多组件应用DAG模型图

(3)通信模型:本章考虑典型的静态IoT网络通信模型[86],假设信道是频率平坦的,并且每个设备m非频繁地将自己的信道(由h_m表示)反馈给网络接入点(AP)。设备m的上行数据速率可以由式(3-1)给出。

$$R_m=W\log(1+p_m h_m/N_0) \tag{3-1}$$

式中，W是信道带宽，p_m是终端m的上行传输功率，N_0表示背景噪声功率。利用有限数量的子信道，基站可以同时支持最多K个并发数据传输，这里设置K=20[86]。

3.4.2.2　计算和能耗模型

（1）多组件物联网作业完成时间计算模型：具有依赖关系的多组件物联网应用的完成时间ET_j是指从用户提交作业开始到作业的所有组件完成的一段持续时间，其定义如式（3–2）所示。

$$ET_j = \max_{c_j^i \in C_j, s_k \in V} \{FT(c_j^i, s_k) \times \rho_j^{i,k}\} \tag{3-2}$$

式中，$\rho_j^{i,k}$为放置决策变量，表示应用j的第i个组件是否放置在服务器k上。$FT(c_j^i, s_k)$作为组件c_j^i在资源k上的完成时间，其描述如式（3–3）所示。

$$FT(c_j^i, s_k) = ET(c_j^i, s_k) + EST(c_j^i, s_k) \tag{3-3}$$

这里，$ET(c_j^i, s_k) = \rho_j^{i,k} \times TL(c_j^i)/\chi_k$为在资源$k$上的组件$c_j^i$的执行时间，其中，$TL(c_j^i)$为组件$c_j^i$的计算任务负载（MI），$\chi_k$表示资源所在位置$s_k$的计算速度，$EST(c_j^i, s_k)$表示组件$c_j^i$的最早开始执行时间。在应用执行的工程中，$EST$被递归定义，如式（3–4）所示。

$$EST(c_j^i, s_k) = \max\begin{cases} t_{\text{enable}}(s_k) \\ \max(FT(c_j^{\text{pre}}) + TM(c_j^{\text{pre}}, c_j^i)), c_j^{\text{pre}} \in c_j^i.C_{\text{pre}} \end{cases} \tag{3-4}$$

对于作业的入口组件c_j^{entry}，$EST(c_j^{\text{entry}}) = 0$，$TM(c_j^{\text{pre}}, c_j^i)$表示为将数据从父组件$c_j^{pre}$传输到子组件$c_j^i$时所耗费时间，$t_{\text{enable}}(s_k)$是服务器$k$任务执行的开始时间。

（2）用户设备能耗计算模型：用户设备能耗包括计算能耗和通信能耗两部分。用户设备在不同的工作状态下，用户设备的功率p_c的值是变化的，具体变化如式（3–5）所示。

$$p_c = \begin{cases} p_{\text{busy}}, \text{如果应用中有组件在用户设备上运行} \\ p_{\text{idle}}, \text{如果应用中没有组件在用户设备在运行} \end{cases} \tag{3-5}$$

用户设备在运行的状态消耗的能耗p_{busy}定义如式（3–6）所示。

$$p_{\text{busy}} = \alpha(\chi_m)^{\gamma} \tag{3-6}$$

式中，χ_m为用户设备的计算能力。参数α，γ是根据用户设备的芯片架构预设的常量参数，$\alpha = 10^{-11}$瓦特/时钟周期，$2 \leqslant \gamma \leqslant 3$[63,87-88]。

用户设备的进行通信能耗可定义如式（3–7）所示。

$$E_m^{\text{tr}} = p_{tr} t_m^{\text{tr}} \tag{3-7}$$

式中，t_m^{tr}为组件卸载过程中的传输时间，其定义如式(3-8)所示。

$$t_m^{\text{tr}} = \frac{\sum_j \sum_i d_j^i x_j^i}{R_m} \tag{3-8}$$

同样地，用户设备在不同的通信模式下，其通信功率如式(3-9)所示。

$$p_{tr} = \begin{cases} 0, & \text{用户设备Wi-Fi通信处于关闭状态} \\ p_1, & \text{用户设备Wi-Fi通信处于发送或接收状态} \\ p_2, & \text{用户设备Wi-Fi通信处于空闲状态} \end{cases} \tag{3-9}$$

则终端设备的能耗E_m定义如式(3-10)所示。

$$E_m = E_m^c + E_m^{\text{tr}} = p_c \frac{\sum_j \sum_i b_j^i x_j^i}{\chi_m} + p_{tr} \frac{\sum_j \sum_i d_j^i x_j^i}{R_m} \tag{3-10}$$

式中，x_j^i=0表示应用j的组件i进行了卸载；x_j^i=1表示组件i在用户设备端执行。

3.4.2.3 基于作业完成时间和用户终端能耗的综合计算卸载模型

本章综合考虑物联网多组件应用的完成时间和用户设备能耗最小的情况，需要对执行时间归一化处理$\overline{ET_j} = (ET_j - \min ET)/(\max ET - \min ET)$。对用户终端能耗代价进行归一化处理为$\overline{E_m} = (E_m - \min E)/(\max E - \min E)$，其目标函数为式(3-11)。

$$\min_{x_j^i, \rho_j^{i,k}} (\eta_1 \overline{ET_j} + \eta_2 \overline{E_m}) \tag{3-11}$$

式中，η_1, η_2为综合代价的均衡系数，$\eta_1, \eta_2 \in [0, 1]$，$\eta_1 + \eta_2 = 1$。用户设备在进行计算卸载时以最小化应用完成时间和用户设备能耗综合代价为目标。式(3-12)为约束条件。

$$\text{s.t.} \begin{cases} \text{C1}: ET_j < T_j^{\text{deadline}} \\ \text{C2}: x_j^i, \rho_j^{i,k} \in \{0, 1\} \\ \text{C3}: \sum_{k=1}^{K} \rho_j^{i,k} = 1, \forall i \in N, j \\ \text{C4}: \sum_{i \in N} \rho_j^{i,k}\, size(b_j^i) \leqslant \mu s_k.size \\ \text{C5}: \sum_{s_a} \sum_{s_b} \rho_j^{i,a} \cdot \rho_j^{i,b} \cdot d_j^i \leqslant e_{a,b} \end{cases} \tag{3-12}$$

其中，约束C1要求应用的执行时间不超过截止时间；约束C2中$x_j^i, \rho_j^{i,k}$为卸载决策变量，其中x_j^i表示应用j的第i组件是否卸载，$\rho_j^{i,k}$表示应用j的第i组件是否部署到节点k上，属于二进制0/1变量；约束C3表示一个组件只能放置在一个计算节点上；约束C4和约束C5分别为每个组件的时间约束和放置的服务器的容量约束及网络链路的带宽约束。其中μ为最大CPU资源的可利用率。从式(3-11)至式(3-12)可以看出，本章研究的计算卸载问题为0-1整数规划问题(IP)。

可以看出，由于决策变量x_j^i,$\rho_j^{i,k}$互相依赖，常用精确算法(如IBM的解析器CPLEX)无法求解，需要用启发式算法来求解，但是常用的基于种群的元启发式算法比如GA、PSO等，在搜索最优解的过程中，运算时间太长很难适应毫秒(ms)级的低延迟应用的需求。

3.5 边缘计算环境下计算卸载策略

在边缘计算环境下云网络资源节点较多、维度较大的情况下，计算卸载需要解决的关键问题为：如何进行应用的合理划分及如何快速选择任务的最优的放置位置。本章研究边缘计算环境中基于动态子图匹配算法的细粒度自适应任务卸载方法，主要包括两个步骤来快速搜索计算卸载的最优解：基于组件相似性的模糊聚类应用划分和基于动态子图匹配的多组件应用放置策略，图3-5为边缘计算环境下多组件AR应用计算卸载示意图。需要特别说明的是，虚线圆框的组件2、3、4并不在所在的划分内，但它们是每个划分中的公共节点，起到承上启下的连接作用。

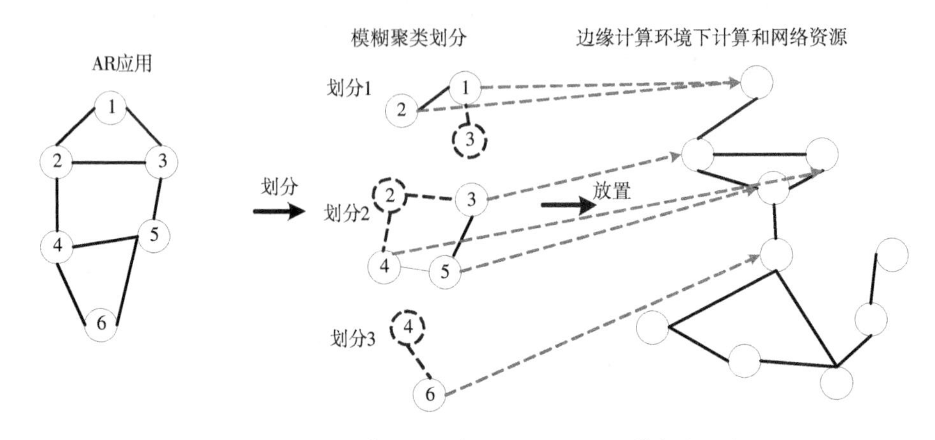

图3-5 边缘计算环境下多组件AR应用计算卸载示意图

3.5.1 自适应卸载条件

边缘计算中任务卸载需根据用户需求、设备电池电量和计算能力、应用执行截止时间限制和网络带宽等上下文环境，对作业完成时间和能耗权衡分析后进行自适应卸载。自适应卸载条件如下：

第一，若用户只考虑截止时间θ_t，当满足条件$t_n^c \leqslant t_n^m$或$t_n^m \geqslant \theta_t$时，则计算任务卸载到边缘服务器节点上，否则仍在终端设备上。这里t_n^c为应用在卸载到其他资源上的执行时间，t_n^m为应用在终端的执行时间。

第二，若用户只考虑能耗代价，当满足条件$e_n^c(a)e_n^c \leqslant e_n^m$或$e_n^m \geqslant \theta_e$时，其中$\theta_e$为终端承受能耗临界值，则计算任务卸载到边缘服务器节点上，否则仍在终端设备上。其中，$e_n^c(a)$为在卸载过程中产生的传输能耗，e_n^c为在其他资源上产生的能耗，e_n^m为在终端设备上产生的能耗。

第三，若满足终端设备需求阈值，系统将均衡考虑整体综合代价并进行计算卸载。如果$K_n^c(a) \geqslant K_n^m$，则在终端用户运行；否则卸载到边缘计算节点或云计算节点上。其中，K_n^m表示在终端消耗的综合代价，$K_n^c(a)$表示卸载到其他资源上消耗的综合代价。

一旦满足卸载条件，就需要考虑多组件应用如何高效卸载的问题。随着时间推移，边缘计算环境下通信链路拓扑结构相对稳定，但是可用资源是动态变化的，计算节点和网络资源的更新频率接近甚至高于查询频率。本节采用广泛应用于社交网络、网络安全、数据中心网络、计算生物学等领域的动态图模式匹配技术[89-90]来实现计算卸载。

在面向物联网应用的边缘计算环境中，实现基于动态图高效匹配的应用组件部署面临的挑战主要有：其一，数据更新频繁，物联网数据持续不断产生并分发到边缘计算节点上，需要不断消耗计算、存储和网络资源。因此，每个边缘计算节点、云服务器节点及链路资源数据每时每刻都在更新。其二，实时分析要求高，AR/VR、智慧工厂等低延迟应用的实时数据分析处理要求高。当边缘计算网络资源更新时，应及时反馈更新后组件部署的结果，否则计算卸载的价值将会降低或消失。

本书所关注的边缘计算环境中的数据图的拓扑结构不会频繁地发生改变，而数据图中顶点和边的属性值将会改变，所以把这种多组件应用的部署问题规约为面向内容变化的动态子图匹配问题。给定边缘计算环境下经常更新顶点和边的数据图ADG,需要卸载的多组件物联网应用查询图ADQ和整型变量r,边缘计算环境下多组件应用部署是从ADG中找到r个与查询图ADQ匹配的子图。基于动态子图匹配进行组件部署的目标是加快子图匹配速度以提高组件部署效率。目前数据图ADG包括由超大图或大量的小图组成的图集,本章主要研究的边缘计算环境下的计算和网络资源数据属于超大图。

动态图的可匹配性:给定查询图$ADQ_1 = (V_1', E_1', \Sigma_1', L_1')$和动态数据图$ADG^{[0,T]} = \{ADG_0, ADG_1, \cdots, ADG_T\}$,动态图的可匹配性是指查询图$ADQ_1$和$t$时刻数据图$ADG_t = (V_t, E_t, \Sigma_t, L_t)$之间存在单射函数$g$,且$g$满足条件:

(1)顶点约束:$\forall v_i' \in V_1', g(v_i') = u_i \in V_t$,如果存在匹配子图$M = \left[\left(v_1', u_1\right), \left(v_2', u_2\right), \cdots\right]$,则$L'(v_i') = L_t(g(v_i')) = L_t(u_i)$。

(2)边约束:$\forall(v_i', v_j') \in E', \exists(g(v_i'), g(v_j')) \in E_t$且$E'(v_i', v_j') = E_t(g(v_i'), g(v_j'))$。

根据低延迟物联网应用对计算、存储及网络需求,针对小规模的基于应用组件查询子图和边缘计算资源图中数据中心网络拓扑结构相对稳定同时计算节点和网络链路资源频繁更新的特点,本节主要研究边缘计算环境下面向内容变化的动态子图匹配策略以实现多组件应用高效部署。边缘计算环境中动态图模式匹配是指在一个实时更新的边缘计算资源图中找到与给定应用组件图模式相匹配的子图。其中,匹配是指结构相同并满足组件图中的资源小于或等于边缘计算网络图中可用资源的偏序关系。动态子图匹配可以归约为著名的子图同构问题,该问题已经被证明是NP-完全问题[72]。

为了实现低延迟应用的快速部署,本章提出的基于动态子图匹配的面向内容变化的应用部署策略(DGM_mCAD),主要包括构建多维网格索引以处理频繁的数据更新和在线查询。为了实现低延迟应用的快速部署,对查询进行了优化,主要包括:基于模糊聚类求解最小化查询片段覆盖,也即对组件进行划分;提出基于动态子图匹配的多组件应用放置。

3.5.2 基于模糊聚类的应用划分

基于组件的应用划分是根据可卸载的应用组件间的关系、计算资源的上下文信息及用户偏好进行应用分组的过程。为了使计算密集型或交互密集型的物联网应用快速卸载并能在协同云边的计算环境中高效完成,需要考虑物联网应用特征、用户偏好及系统资源(计算、存储和网络)的上下文情况,进行合理划分,然后根据计算卸载策略部分或全部将其分流到边缘MDC或远程云中执行。可以看出，计算密集型或交互密集型的物联网应用划分的结果将直接影响其执行效率、完整性及稳定性。因此，如何将应用进行合理划分是物联网应用高效执行需要解决的关键问题。

已有研究对应用划分主要包括粗粒度级别和细粒度级别两种[50,67]。其中细粒度级别包括组件、方法、类、对象和线程；粗粒度级别包括操作、应用和虚拟机(VM)。以不同划分粒度卸载应用时，需要传输的数据量的大小从几千字节(KB)到几兆字节(MB)不等。卸载粒度越粗，需要传输的数据量越大，消耗的网络带宽越多；但是，卸载粒度越细，增加的额外计算的开销越大。特别地，在无线网络随机变化的场景下，由于网络质量相对较差，较大任务的卸载将会增加执行失败的概率；以虚拟机为粒度的卸载策略中，虚拟机镜像的创建及启动所花费的时间将达到数十分钟以上[91]。因此，粗粒度应用划分方法不适用于网络质量波动较大和低延迟需求的场景。过细的划分技术本身就需要一定的计算时间消耗，可能导致更长的开销，不可避免地会对用户体验产生负面影响。

Szyperski[92]对组件定义为“软件组件由契约性说明的接口和明确的上下文相关性组合而成的单元”。调用者只需要知道接口并访问接口就可以使用组件。组件技术[93]将功能模块抽象成组件，具有语言和平台无关性，以动态链接库的形式存在和加载，降低了应用维护的难度，增强了复用性。目前比较流行的组件模型包括COM/DCOM、CORBA、EJB等。此外，动态模型系统开放服务网关协议OSGi[94]定义了面向服务的Java行业标准模块管理系统，允许在运行时动态加载和卸载软件组件。开源社区Apache的Felix和Eclipse的Equinox是已经给出的OSGi标准规范的实现。目前，已有研究[95]利用OSGi技术实现了Cloudlet平台上基于组件的AR应用的处理。因此，基于组件的卸载粒度具有更好的灵活性、可控性和可重用性。无论从卸载引起的数据量还是对计算应用执行的复杂度角度进行分析，选择以组件为粒度进行卸载都是较为合理的方案。本章在进行物联网应用卸载时，采用以组件为划分粒度的动态划分机制。

应用组件聚类是对组件集合进行分析并计算组件之间的相似度，依据某种分类标准将组件自动划分到具有一定相似度的聚类集合 C_i 中，其中 $C_i \in C = \{C_1, C_2, \cdots, C_k\}$ 中，以实现同一个聚类中的组件之间相似度较高，不同聚类之间的组件相似度较低的目的，聚类 C_i 满足的条件为 $C_i \neq \Phi (i = 1, 2, \cdots, k\}$ 和 $C_i \cap C_j = \Phi, i \neq j (i, j = 1, 2, \cdots, k)$。

以组件为粒度的物联网应用划分根据系统上下文环境对多组件应用建立模

型，然后利用划分策略寻求最优分组方案。考虑物联网应用组件的行为特征属性，本章基于物联网应用的组件各个属性值和组件依赖图创建模糊矩阵，根据组件之间的隶属度来确定聚类关系，实现对物联网应用的客观的准确划分。这里，组件集合 C 中有些组件是不能卸载的（比如，应用启动和初始化服务组件、用户访问界面GUI及访问感知设备的组件等）。本章首先考虑不可卸载组件，将不可卸载组件放在一个单独的聚类中，然后再对其他组件进行模糊聚类。对组件聚类主要包含三个环节：组件的特征选取、组件相似度度量和聚类分组。

3.5.2.1 组件的特征选取

组件聚类需要采集组件的行为数据来表示其特征属性。根据物联网应用的特点[96]，本书选择组件行为来进行分类，组件行为包括关联信息、性能信息和基础信息。组件行为描述的信息可以通过组件说明文档中得到。应用组件行为描述 CBD 矩阵可定义如式（3-13）所示。

$$CBD = \begin{bmatrix} \{c_{\mathrm{tr}}, c_{\mathrm{re}}, c_{\mathrm{r}}, \cdots\}_T \\ \{c_{\mathrm{d}}, c_{\mathrm{time}}, c_{\mathrm{m}}, \cdots\}_P \\ \{c_{\mathrm{k}}, c_{\mathrm{s}}, \cdots\}_B \end{bmatrix} \tag{3-13}$$

式中，T,P,B 分别对应组件行为中的关联信息、性能信息和基础信息。组件的关联信息包括的数据传输 c_{tr}、数据处理结果反馈 c_{re} 和组件之间的邻接关系 c_{r} 等；组件的性能信息包括组件代码所占的字节数 c_{d}、组件处理延时 c_{time}、内存需求 c_{m} 等；组件的基础信息包括组件类型 c_{k} 及安全级别 c_{s} 等。

3.5.2.2 组件相似度度量

本章利用物联网应用的组件依赖图[97]来研究组件之间的相似度。为了对具有不同量纲的组件特征属性数据进行对比分析，需要将组件的原始行为数据量化到[0,1]上，进行标准化处理，所以将 CBD 矩阵转化为标准化矩阵。

（1）组件关联信息指标确定：组件 (i,j) 间拓扑信息包括数据传输 c_{tr}、数据处理结果反馈 c_{re} 及组件之间的邻接关系 c_{r}。当存在邻接关系的时候，拓扑信息指标的值 t_{ij} 定义如式（3-14）所示。

$$t_{ij} = ac_{\mathrm{tr}} + (1 - a)c_{\mathrm{re}} \tag{3-14}$$

式中，a 为属性的影响因子，$0 \leqslant a \leqslant 1$。

（2）组件性能信息指标确定：组件性能信息包括组件代码所占的字节数 c_d、组件处理延时延时 c_{time}、内存需求 c_{m}。性能信息指标的值 p_{ij} 定义如式（3-15）所示。

$$p_{ij} = b_1 c_{\mathrm{d}} + b_2 c_{\mathrm{time}} + b_3 c_{\mathrm{m}} \tag{3-15}$$

式中，b_1, b_2, b_3为属性的影响因子$0 \leqslant b_i \leqslant 1$。

(3)组件基础信息指标确定：组件基础信息包括组件类型c_k及安全级别c_s。当该组件可卸载时，组件基础信息指标的值f_{ij}定义如式(3-16)所示。

$$f_{ij} = dc_{\mathrm{k}} + (1 - d)c_{\mathrm{s}} \tag{3-16}$$

式中，d为属性的影响因子，$0 \leqslant d \leqslant 1$。

因此，组件依赖图中有向弧的权重w_{ij}就是组件v_i和v_j的依赖关系，通过加权求和的方式可以对依赖关系进行量化，如式(3-17)所示。

$$w_{ij} = k_1 t_{ij} + k_2 p_{ij} + k_3 f_{ij} \tag{3-17}$$

式中，k_1, k_2, k_3分别表示组件的拓扑信息、功能信息和基础信息所占的权重，$k_1+k_2+k_3=1$。加权有向图映射为依赖关系矩阵$\boldsymbol{W}$，则n个组件之间的依赖关系矩阵如式(3-18)所示。

$$\boldsymbol{W} = \begin{bmatrix} w_{11} & w_{12} & \cdots & w_{1n} \\ w_{21} & w_{22} & \cdots & w_{2n} \\ \vdots & \vdots & & \vdots \\ w_{n1} & w_{n2} & \cdots & w_{nn} \end{bmatrix} \tag{3-18}$$

(4)模糊相似矩阵：特定的组件以不同程度的隶属度(取值在连续区间[0, 1])属于多个集合。组件分类结果对应的分类矩阵为一个模糊相似矩阵$\boldsymbol{R}$。由于模糊矩阵对角线的元素为0，不能直接进行模糊聚类，需要将其转换成模糊相似矩阵。本节采用转换函数$h_{ij}=(w_{ij}+w_{ji})/2$来定义组件依赖关系，接着利用夹角余弦法计算应用组件间的相似系数r_{ij}如式(3-19)所示。

$$r_{ij} = \frac{\sum_{k=1}^{n}(h_{ik} h_{jk})}{\sqrt{\sum_{k=1}^{n} h_{ik}^2} \cdot \sqrt{\sum_{k=1}^{n} h_{jk}^2}} \tag{3-19}$$

则由r_{ij}组成的组件模糊相似矩阵$\boldsymbol{R}$如式(3-20)所示。

$$\boldsymbol{R} = \begin{bmatrix} r_{11} & r_{12} & \cdots & r_{1n} \\ r_{21} & r_{22} & \cdots & r_{2n} \\ \vdots & \vdots & & \vdots \\ r_{n1} & r_{n2} & \cdots & r_{nn} \end{bmatrix} \tag{3-20}$$

(5)模糊等价矩阵:由于模糊相似矩阵$\boldsymbol{R}$不一定具有传递性,因此进行分类之前,需将模糊相似矩阵$\boldsymbol{R}$转化成具有传递性的模糊等价矩阵$\boldsymbol{R}'$。根据模糊数学理论,本章采用平方法计算R的传递闭包,计算过程为:$\boldsymbol{R} \to \boldsymbol{R}^2 \to \boldsymbol{R}^4 \to \cdots \to \boldsymbol{R}^{2k} \to \cdots$,则有$k$使$\boldsymbol{R}^{2k}$=$\boldsymbol{R}^{2(k+1)}$于是$\boldsymbol{R}' = \boldsymbol{R}^{2k}$,则$\boldsymbol{R}'$就是所求的模糊等价矩阵。模糊等价矩阵为$\boldsymbol{R}' = [r'_{ij}]_{n \times n}$,对任意$\lambda \in [0,1]$,称$\lambda \boldsymbol{R}' = [\lambda \cdot r'_{ij}]_{n \times n}$为$\boldsymbol{R}'$的$\lambda$截矩阵,$\lambda$为截集阈值,其中$\lambda$截矩阵中的元素$\lambda r'_{ij}$如式(3-21)所示。

$$\lambda r'_{ij} = \begin{cases} 1, r'_{ij} \geq \lambda \\ 0, \text{other} \end{cases} \tag{3-21}$$

当$\lambda r'_{ij}$由0到1逐渐增大时,矩阵中0元素逐渐增多,聚类结果由粗到细。对于已建立的模糊等价矩阵,不同的隶属度λ对应着不同的分类,所以组件聚类结果由λ值决定。

3.5.2.3 聚类分组

聚类分组就是根据组件相似度对组件集合进行分类,将相似度较高的组件分组到同一个类中,实现“高内聚,低耦合”的目标。本章提出基于组件相似性的模糊聚类划分算法,如算法3-1所示。该算法的时间复杂度由组件的个数m和特征属性个数k决定,为$O(m \times k)$。

算法3-1:基于组件相似性的应用模糊聚类划分算法

Input: $C=\{c_1, c_2, \cdots, c_m\}$//一个应用的组件集合,$CBD$//每个应用组件行为特征矩阵

Output: $G' = \{G'_1, G'_2, ..., G'_l\}$//应用划分聚类集合

Begin

1: According to component behavior characteristic matrix CBD, calculate component similarity coefficient and establish fuzzy similarity matrix R

2: Conduct standardized processing on the behavior information of the original component and convert it into the value between $[0,1]$

3: By means of the square method, obtain the fuzzy equivalent matrix R' satisfying the transfer condition

4: At different intercept level λ, the fuzzy equivalence matrix is subdivided and initialize the fuzzy partition matrix G'

5: Compute the cluster center c_i

6: Each component and clustering center in the class are calculated.If it is less than a certain threshold, the algorithm stops

7: Calculate the new partition matrix G' and back step 5

8: return G'

End

3.5.3 基于动态子图匹配的多组件应用放置

针对计算卸载中什么时候在"终端-边缘-云"三层资源中选择合适位置进行应用放置的问题,在上节划分基础上,本节提出基于动态子图匹配的多组件应用放置策略,在一定的限制条件下把应用组件高效部署到终端设备、边缘计算节点或云数据中心节点上。该策略步骤如下:首先,考虑用户设备、边缘、云计算的综合代价,根据上下文环境,分析作业完成时间和能耗,设计自适应卸载条件;其次,根据应用组件图中对计算、存储及网络资源的需求和资源图中不断更新的可用的计算、存储和网络资源,设计面向内容频繁变化的动态子图匹配策略,在频繁更新的边缘/云计算和网络资源中快速搜索满足用户低延迟需求的应用部署方案。

对于数据规模比较大的边缘计算资源图进行实时匹配,构建合适的索引可以减少查询计算量,有效过滤与多组件应用查询图不相关的图,减少验证阶段子图同构的测试次数,从而大幅度降低查询完成时间并提高搜索精准度。为了提高应用查询图和资源数据图匹配速度,本章基于动态子图模式匹配的组件部署策略主要包含索引结构构建及在线动态查询优化等关键环节。

已有研究表明[89],如果查询图规模较大,每次边缘计算环境下资源数据图更新,都需要根据整个查询图进行查找,则查询时间将会大大增加。本节采用基于连接的动态图数据匹配技术,首先根据频繁子图对查询图进行分解,生成多个查询子图,其次分别对查询子图进行匹配,最后对匹配的结果连接后得到整个查询图的匹配结果。因此,给定多组件应用查询图Q,在边缘计算环境下资源数据图中进行基于连接的动态图数据匹配的过程主要包含三步:

第一步:分解,将查询图基于频繁子图SG进行分解,得到若干查询图片段$q_1, q_2, \cdots, q_m$,便于从已经构建好的索引表中进行检索和匹配。

第二步:过滤,对每个查询片段q_i,从D_{SG}中查找具有相同结构的片段集合,通过过滤获得与q_i兼容的图片段,获得的图片段集合为候选集合$C_q = \left\{C_{q_1}, C_{q_2}, \cdots, C_{q_i}\right\}$,$C_q$

中的每个数据图都包括了q中所有在索引特征图集合中出现的子图。

第三步：验证，在候选集之间进行片段连接，检查C_q中的每个数据图是否完全包含查询图Q，将C_q中的图与查询图Q进行子图同构检测，如图3-6所示。

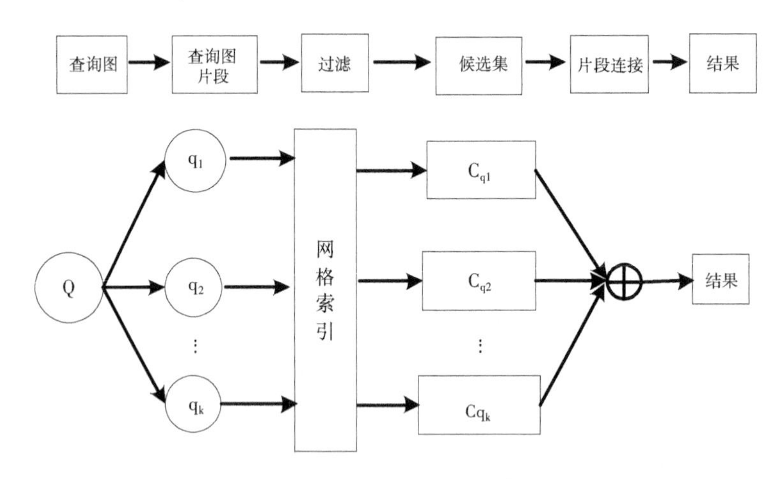

图3-6　基于连接的动态图匹配的在线查询流程

3.5.3.1　基于频繁子图的网格索引结构构建

(1)子图编码和标识：为了便于索引构建和搜索，本研究采用最小深度优先搜索编码DFS[98]对图进行唯一标识，生成规范编码，这样判断两图是否匹配时只需要进行简单的字符串匹配就能够同构检测了。

利用k维坐标向量来描述包含k个顶点的图片段的信息，其中将每个顶点的属性值作为一个数据维度，第i个向量可包含顶点ID、访问顺序和标签信息，标签信息表示该节点的计算、存储和网络资源等性能指标。当在图上执行深度优先搜索(DFS)时，如图3-7所示，规范编码表示了顶点的访问顺序为从V_1到V_2，从V_2到V_3，从V_3到V_1，从V_2到V_4，并且向量里面包含顶点ID信息、访问顺序及顶点标签和边标签，这样，当上下文清楚时整个坐标向量没有歧义。用最小DFS编码(按照字典顺序)的规范编码及用坐标向量存储信息如表3-1所示。

表3-1　存储四个顶点的图(片段)信息的坐标向量

顶点ID	顶点标签	访问顺序	边标签	最小DFS编码
V_1	A	1	x	{(1,2,A,x,A),
V_2	A	2	x	(2,3,A,x,C),
V_3	C	3	y	(3,1,C,y,A),
V_4	B	4	y	(2,4,A,y,B)}

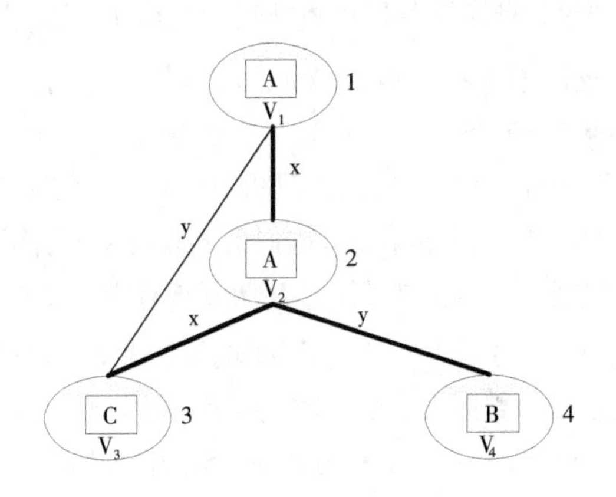

图 3-7　图的DFS树

(2)索引构建:由于按照图的“顶点-边”特性建立的索引不能分辨不同图的拓扑特性,另外按照传统子图建立索引,子图的索引项数量会随着子图数量呈指数增长。因此,为了提高索引效率,本书基于频繁子图模式[99]挖掘出边缘计算环境下资源图的索引项。同时针对边缘计算环境中网络拓扑结构相对稳定,而节点或边的属性则会发生频繁变化的特点,本节采用网格索引结构[100]对数据图中的频繁子图构建索引,如图 3-8 所示。网格索引创建的过程如算法 3-2 所示。

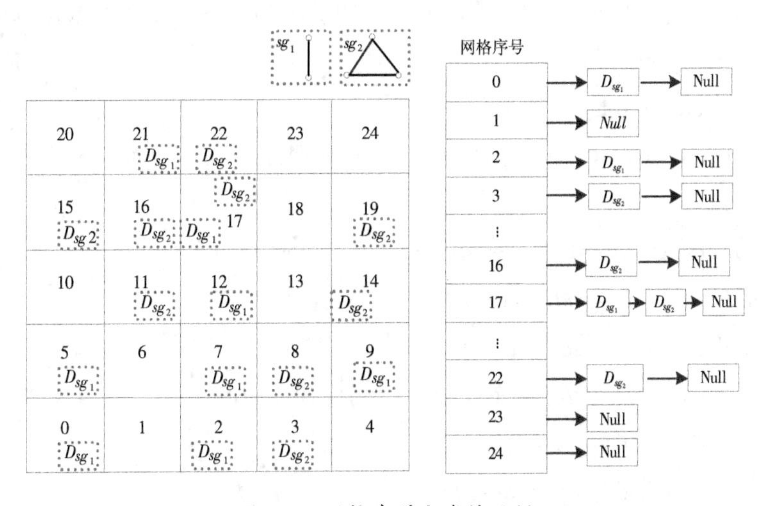

图 3-8　网格索引和存储示例

在网格索引构建阶段,首先利用现有的方法从数据图 ADG 中选取具有辨识力的频繁特征子图作为索引项 $SG=\{sg_1,sg_2,\cdots,sg_k\}$,并参考 gSpan 算法[100]从数据图

*ADG*中挖掘出包含频繁特征子图的索引特征集合$D_{SG}=\{D_{sg_1},D_{sg_2},\cdots,D_{sg_k}\}$，这里$D_{sg_i}$为*ADG*中所有包含$sg_i$的索引特征集合，最后基于频繁子图索引项和对应数据图的索引项特征集合构建网格索引表。假设考虑边缘计算环境下的资源图中标签中包含两个属性，设置网格密度为5，把资源图划分成二维的大小相同的5^2=25个网格，该空间包含2个频繁子图sg_1和sg_2，挖掘出的数据图索引特征集合放置在对应的网格单元的存储桶中，比如17号网格存储着具有唯一ID标识的D_{sg_1}和D_{sg_2}索引特征集合，生成的网格索引。从以上分析可知，算法3-2的时间复杂度由网格的密度、标签信息的维度及频繁图集合的个数决定，直接影响后续章节中基于动态子图匹配的计算卸载算法（算法3-3），具体分析在3.5节中体现。

算法3-2：基于网格结构的离线索引法

Input：边缘计算环境下资源标签大图*ADG*，支持度阈值*min_sd*，

Output：网格索引*index_grid*，频繁子图集合D_{Sg}，索引存放邻接表*adj_list*。

Begin

1： initialize φ，*n_dim*，D_{sg}，*adj_list*，*xMax*，*xMin*，*yMax*，*yMin*，*objArray*；//初始化网格密度，标签信息的维度，频繁子图集合及索引的邻接表

2： D_{Sg}←CreateS(*ADG*，*min_sd*)//挖掘出频繁子图集合D_{Sg}

3： n_s←D_{Sg}.size//根据频繁子图集合计算频繁子图的个数

4： *index_grid*←CreateGrid(φ，*n_dim*)//根据网格密度，标签维度及频繁子图的个数创建多维网格

5： *n*=len(sg.dim)

6： for *i* in range(0，*n*))｛//将每个空间范围划分成等分的网格并为网格进行编号

7： *index_grid.dx*=(*xMax*−*xMin*)/φ

8：*index_grid.dy*=(*yMax*−*yMin*)/φ

9：*index_grid*.cell[*id*]←i++；｝

10： for *sg* in D_{Sg}｛//将每个子图注册到空间索引中

11： *adj_list*.gid=*gridID*(*sg*)

12： *adj_list*[gid].append(*sg*)；｝

13： return *adj_list*

End

(3)基于网格索引的过滤查询:为了提高查询效率,本章将具有节点属性值(x CPU,y Memory)的频繁子图转化为二维向量,然后将该二维向量映射到二维的网格当中,如图3-9所示。

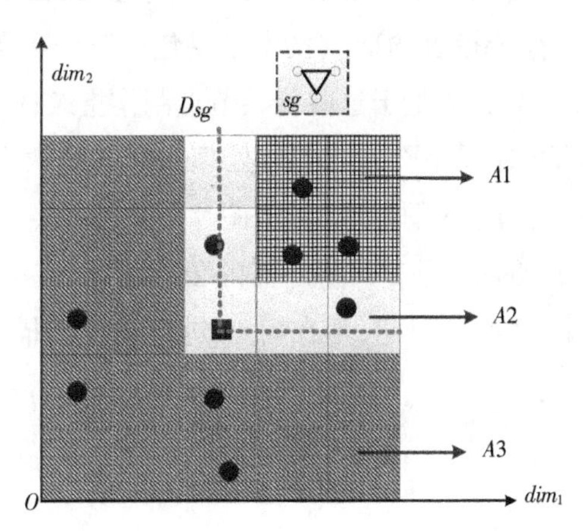

图3-9 频繁子图sg和查询图片段q_i到网格索引映射

其中sg表示一个从资源数据图中挖掘得到的频繁子图,将资源图中与sg结构相同的所有子图根据它们的节点的属性值映射到二维网格索引中,用圆点表示;同时把与sg结构相同的查询图也映射到该二维网格中,用方点表示。由于应用查询图和资源数据图的子图进行匹配时,要求对应顶点的属性值满足小于或等于的偏序关系,所以,参考方点所在的坐标,网格划分成A1,A2,A3共3个区域:可以确定映射到A1的原点所对应的资源数据子图肯定满足应用查询图,A2中有些节点需要进行验证,A3中的区域则被舍弃。因此,通过基于网格索引的过滤技术,进行匹配次数将大幅度减少。

(4)基于网格索引的更新操作:给定片段进行更新,过滤器更新过程包含两步。第一步是找到哪一个网格存放更新的片段;第二步是更新触发的事件,并采取相应的操作来更新过滤器。过滤器中包含两个事件,即界限内事件或迁移事件。当更新图形片段时,如果更新触发界限内事件,则片段保持在同一网格中;如果更新触发迁移事件,则片段从旧网格移动到另一个网格中。在第二步中,如果触发界限内事件,则不进行更新操作;如果触发迁移事件,则需要执行两个操作,一是从旧网格的片段列表中删除片段,二是将更新的片段插入到正确的网格中。

3.5.3.2 基于指纹的剪枝技术

在图片段连接的过程中,为避免在中间步骤中产生不相连图形而导致搜索空间的爆炸问题,对给定的最小片段覆盖集合,本节采用基于指纹的剪枝技术按照一定顺序对片段进行连接，使每个中间步骤都能够产生可连接的子图。基于指纹的剪枝技术指的是在任何中间步骤，两个连接的查询片段必须共享一组节点，相连接的片段中重叠和非重叠节点为图片段进行连接创造了条件。

如图3-10所示，基于指纹的剪枝技术主要包括三个步骤：第一步提取片段连接所需的公共节点；第二步基于这些公共节点制作指纹；第三步如果两个片段具有不同的指纹，则可对该片段进行剪枝处理。假设从两个候选集 C_{q1} 和 C_{q2} 中进行连接操作，g_i 为来自 C_{q1} 的图片段，其中图片段 q_1 和 q_2 共享几个公共节点。在 C_{q2} 很可能只有小部分图片段与 g_i 共享所需的公共节点，基于指纹剪枝的策略中只需对该部分图片段检查。因此，不在对 C_{q2} 进行线性扫描，g_i 只需检查具有公共节点的图片段。

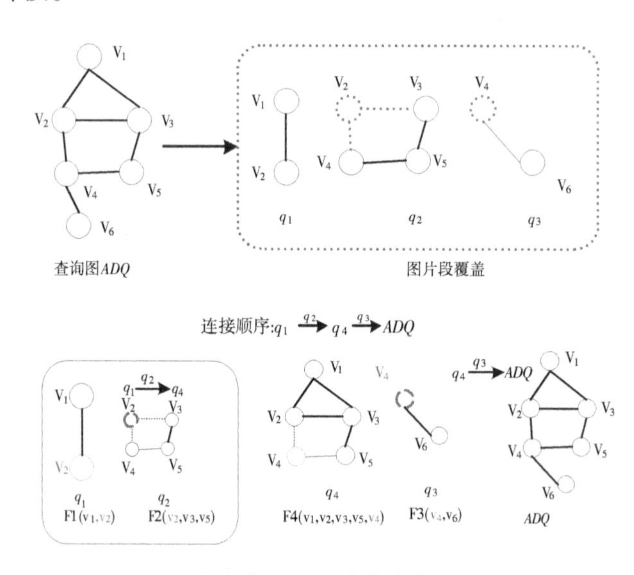

图3-10　基于指纹的剪枝技术示例

3.6　基于动态子图匹配的计算卸载算法

3.6.1　算法实现

根据以上面向内容变化的动态子图匹配策略，本章设计了基于动态子图匹配的多组件部署算法(DGM_mCAD),详细描述了应用查询图和边缘计算环境下资源数据图匹配过程,具体步骤如算法3-3所示。

其中,第1行是初始化最优匹配方案Mq和索引查询QI的过程,这里Mq对应的是放置变量$p_j^{i,k}$,表示的是第j个应用的组件i是否放置在服务器k上,即$c_j^i \rightarrow s_k$,所以它是一个匹配对。第2行是把组件划分G'按照子图中第一个组件的访问标签递增的顺序排列。第3行是查询前对索引网格和对应的存储邻接链表进行更新的操作。第4~24行是整个应用子图和资源子图匹配的过程。在匹配的过程中分两种情况:①在第7~15行中,如果查询图的划分在网格索引中找到了匹配项,则基于指纹的剪枝技术,来对查找到的匹配子图进行连接;②在第16~24行中,如果查询子图没有找到匹配项,则以该组件查询子图为一个频繁项,在ADG中进行子图挖掘然后把挖掘出来的子图,加入匹配项中和查询索引QI中,并利用剪枝技术加入Mq中,并把挖掘出来的数据集更新到对应的网格索引和存储链表中。第25~27行对是否存在匹配项进行判断。

算法3-3:基于动态子图匹配的多组件应用部署算法DGM_mCAD

Input: $ADG_t = (V_t, E_t, \sum_t)$, $ADQ_j = \{C_j, EC_j, LC_j, p_j\}$, $G' = \{G'_1, G'_2, \cdots, G'_l\}$*index_grid*, *adj_list*

Output: Mq // the optimal matching solution

Begin

1: initialize $Mq \leftarrow \phi, QI \leftarrow \phi$

2: Sorted by G' first vertic.visited No. in ascending order

3: update(*index_grid*, *adj_list*)

4: for each $gc \in G'$ do

5: *gc.isMatch*←*false*

6: for each i in gid;

7: if (isMatched(*gc*, adj_list[i].*Dsg*)=*true*)

8: for each *sg* in adj_list[i].*Dsg*

9: if (*gc.fingerprint*=*sg.fingerprint*)

10: $Mq \leftarrow Mq \cup sg$

11: *gc.isMatch*←true

12: end if

13: end for

14: end if

15: end for

```
16: if (gc.isMatch=false)
17: sg←CreateS(gc, ADG, min_sd)
18: QI ← QI ∪ s_g
19: if (gc.fingerprint=sg.fingerprint)
20:   Mq ← Mq ∪ s_g:
21:   update(index_grid, adj_list)
22:  end if
23: end if
24: end for
25: if(Mq=ADQ_j)
26:  return Mq
27: end if
End
```

3.6.2 算法分析

3.6.2.1 算法时间复杂度

对本算法的复杂度分析如下：可以看出，若当前查询子图 gc 有匹配项，则其从网格索引中利用剪枝技术可以快速定位。因此，算法 2-3 中的第 8~15 行中子图查询过程的复杂度决定本算法复杂度。在整个查询中，其复杂度和应用查询图划分的个数 $|G'|$ 以及网格索引的维度 d、网格索引的密度 φ 有关，所以本算法的时间复杂度为 $\frac{d|G'|}{\varphi^d}(\frac{\varphi+1}{2})^{d-1}$。

3.6.2.2 算法可行性分析

本章主要研究的是如何把多组件应用高效卸载到由"云-边-端"组成的边缘计算环境中。图数据结构非常适合描述多组件应用和边缘计算云网络资源这种蕴含着内在关联关系的数据。其中，在查询图中每个节点代表组件的资源需求信息，节点和节点之间的边代表数据传输量。在资源图中，每个节点代表服务器，边代表服务器之间的通信链路。资源图的拓扑结构相对稳定，而节点和边的属性值会随着时间动态频繁改变。因此在多层资源的边缘环境下的多组件应用卸载问题就转换成了动态子图匹配问题，即如何根据实时更新的应用查询子图，在拓扑结构相对固定的边缘计算资源数据大图上进行高效的搜索。

为了提高子图匹配的效率，首先把多组件应用采用基于模糊聚类的技术进行动态划分,然后进行基于动态子图匹配的多组件引用放置。为了实现快速的查询,应用放置过程分为两个阶段:离线的网格索引结构构建和基于指纹的剪枝技术的动态在线优化查询,快速得到匹配结果,从而实现了边缘计算环境下多组件应用的卸载。

3.7 多组件应用的计算卸载算例

边缘计算环境中上下文感知动态子图匹配的细粒度卸载方法的整体流程,如图3-11所示。以考虑系统综合代价为例进行计算卸载,设时隙内用户提交的应用请求总量为50个;每个组件的数据量已知;组件1和组件2的截止时间为50ms;WLAN的带宽为480kbps,WAN的带宽为200kbps。用户设备CPU的空闲功率为0.3W,运行状态的功率为5W,用户设备在发送/接收状态下的功率为2W。每台边缘服务器处理请求的能力是手机用户终端的500倍,云服务器平均处理能力是手机的20 000倍。边缘计算环境中包括2个边缘MDC,每个MDC中含有4个边缘服务器。每个边缘服务器的计算能力为8个CPU,126GB内存。

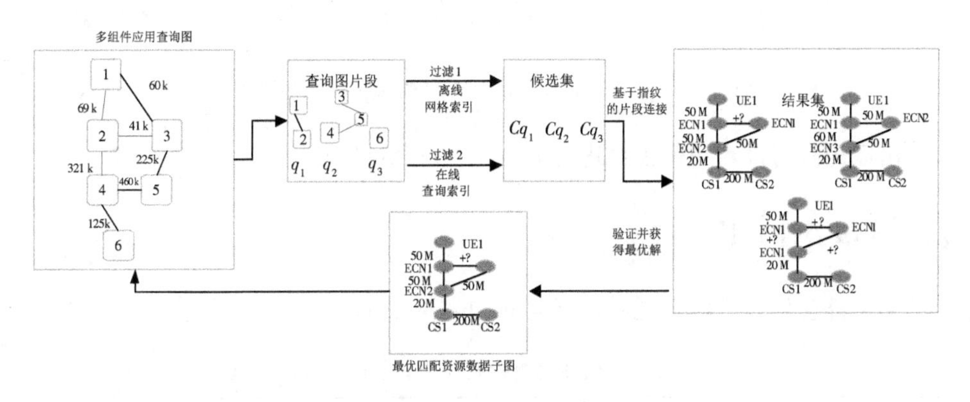

图3-11 多组件应用AR计算卸载算例示意图

3.7.1 应用划分

根据AR应用中的6个组件进行聚类分析,本节选取的每个组件包含关联信息(数据传输量、数据反馈量、连接性)、性能信息(CPU需求、延时及内存需求)和

组件类型(是否可卸载和安全级别)共8个属性,则AR应用中组件1~6对应的应用组件行为描述矩阵CBD为

$$\begin{bmatrix}\{86,15,1\}_T\\\{0.5,17,64\}_P\\\{2,1\}_B\end{bmatrix}\begin{bmatrix}\{69,30,1\}_T\\\{0.25,17,71\}_P\\\{1,1\}_B\end{bmatrix}\begin{bmatrix}\{60,34,1\}_T\\\{0.2,24,56\}_P\\\{1,1\}_B\end{bmatrix}\begin{bmatrix}\{321,102,1\}_T\\\{0.1,18,36\}_P\\\{1,1\}_B\end{bmatrix}\begin{bmatrix}\{658,256,1\}_T\\\{0.1,10,4\}_P\\\{1,1\}_B\end{bmatrix}\begin{bmatrix}\{125,85,1\}_T\\\{4,70,188\}_P\\\{1,1\}_B\end{bmatrix}$$

根据式(3-14)、式(3-15)、式(3-16)和式(3-17)和图3-1,分别设置a=0.5;b_1=0.3,b_2=0.4,b_3=0.3;d=0.5,k_1=0.4,k_2=0.4和k_3=0.2,则6个组件的依赖关系$\boldsymbol{W}$矩阵、模糊相似矩阵$\boldsymbol{R}$、模糊等价矩阵$\boldsymbol{R}'$以及λ取0.6时λ截矩阵如图3-12所示。

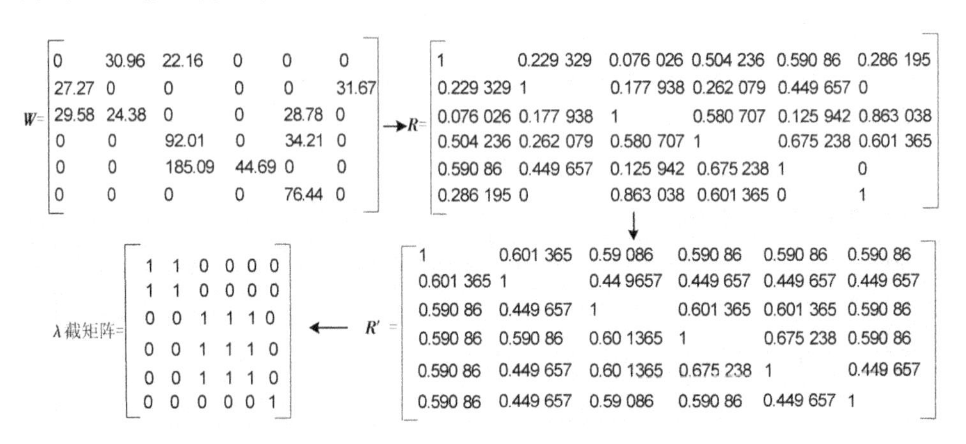

图3-12 由组件依赖关系矩阵到截矩阵的求解结果

由截矩阵可以对组件集合进行分成3个集合:{1,2}、{3,4,5}和{6}。

3.7.2 多组件应用放置

多组件应用卸载的能耗和执行时间如表3-2所示。

表3-2 多组件应用卸载的能耗和执行时间

	组件1	组件2	组件3	组件4	组件5	组件6
用户设备端执行时间/s	40	50	100	80	60	200 000
组件在终端运行能耗/kJ	200	250	500	400	300	1 000 000
单应用的组件卸载数据量	—	—	100	311	460	1250
50个应用卸载到边缘计算节点的传输时间/s	—	—	10.4	32.4	47.9	—

续表

	组件1	组件2	组件3	组件4	组件5	组件6
单个设备卸载能耗/kJ	—	—	20.8	64.8	95.8	625
单个设备空闲能耗/kJ	—	—	9.4	12.1	30.6	243.8
50个应用的计算卸载到边缘最大执行时间/s	—	—	10	8	6	—
50个应用的计算卸载到云端的最大传输时间/s	—	—	—	—	—	312.5
卸载到云端的最大执行时间/s	—	—	—	—	—	500

在动态查询的过程中,基于模糊聚类对查询图进行片段划分,形成执行代价最小的查询图片段集合,如图3-11中的$\{q_1,q_2,q_3\}$;接着根据网格索引,如果存在相关的片段索引结构,则选中相关的候选集,同时如果索引结构中不存在相关查询片段的索引项,则进行基于查询图片段的在线索引创建,并加入网格索引结构中,并把从对应资源图挖掘出来的查询图中匹配的资源子图加入对应的候选集中,如图中过滤后的候选集为$\{C_{q_1},C_{q_2},C_{q_3}\}$;然后对过滤后行候选集按照基于指纹的片段连接技术进行过滤连接,生成满足多组件应用查询图的结果集,最后结果验证,并根据最小化目标函数来选择最优结果。根据组件类型约束、组件划分和基于动态图匹配的搜索结果把组件1、2放置在用户终端,把组件3、4、5放置在边缘MDC1的第1、2、3台服务器上,把组件6放置在云数据中心S_1。可以看出,通过卸载后,用户设备平均最终能耗为1 500.2kJ,用户设备提交的50个多组件应用最大运行时间之和902.5s,具有时延约束的组件1、2满足最大截止阈值。

3.8 性能评估

在本节中,对本章提出的边缘计算环境下多组件应用的计算卸载策略的性能进行测试分析。主要对实验的环境配置、测试用例及数据集、比较算法进行说明并对实验结果做详细的对比分析。

3.8.1 实验分析方法和环境配置

3.8.1.1 实验结果分析方法

对于实验结果，常用两种类型的分析方法[101]：瞬态分析和稳态分析。由于本研究关注卸载算法的长期行为。因此，本仿真实验结果分析采用稳态分析方法。稳态分析的评估方法有复制/删除方法、再生方法、批量均值方法，标准化时间序列方法，自回归方法和谱估计方法。为评估本章所提出方法的平均性能，采用批量均值方法来分析仿真实验数据。因此，在本研究中，每次模拟实验持续1800秒，算法独立运行25次后取平均值为最终的仿真结果进行对比分析。

3.8.1.2 实验环境配置

本章的模拟实验在配置为Inter(R)Core(TM)i7-3770 CPU@3.40 GHz，RAM 12.0GB，DISK 1T的PC机上运行，实验场景为通过4G LTE小蜂窝基站或WLAN接入网连接到边缘计算网络。采用的边缘计算环境开源模拟器EdgeCloud-Sim[102]是由伊斯坦布尔Bogazici大学Cagatay Sonmez教授及其团队开发。Edge-CloudSim在运用广泛的开源云仿真器CloudSim基础之上进行构建，为满足边缘计算研究的特定需求，增加了计算和网络能力方面的必要功能支持。Edge-CloudSim可模拟多层计算场景，支持多个边缘服务器与远程云协同计算。本实验中算法涉及的主要参数设置如表3-3所示。

表3-3　参数设置

参　数	值
每个设备平均提交作业达到率/(请求/秒)	3
用户设备数量/个	50~250
边缘/云服务器处理器速度/MIPS	[10 000,20 000]
上传/下载的平均数据大小/KB	[50,5000]
用户设备每个任务的计算规模/MI(指令数量)	[100,900]
WAN / WLAN带宽/kbps	[40,100]/[120,480]
用户终端CPU的计算处理器速度/MIPS	[100,200]
用户设备CPU空闲/运行状态的功率/W	[0.1,0.5]/[2,10]
用户设备在Wi-Fi网络关闭状态下的功率/W	0
用户设备在Wi-Fi网络空闲状态下的功率/W	[0.001,0.005]
用户设备在Wi-Fi网络发送/接收状态下的功率/W	[1,3]
均衡参数η_1,η_2	{0,0.1,0.3,0.5,0.7,0.9,1}

3.8.2 实验测试用例

本实验采用多组件人脸识别应用[102-103](图3-13)、多组件QR二维码识别(图3-14)及增强现实的应用案例(图3-1)的真实及合成数据集作为测试用例,作为查询图实例。作业请求到来方式服从泊松分布。

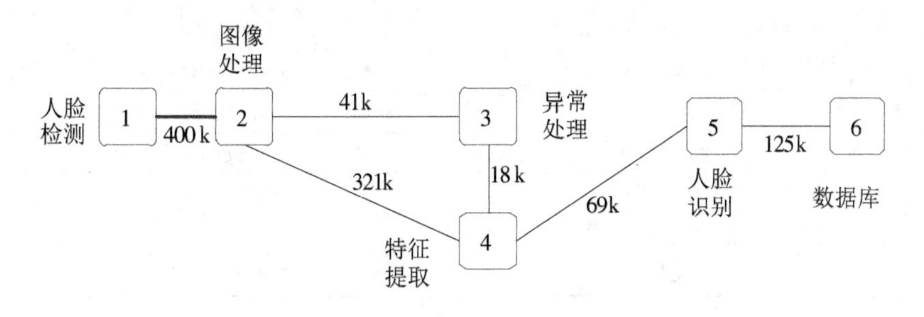

图3-13 多组件人脸识别应用

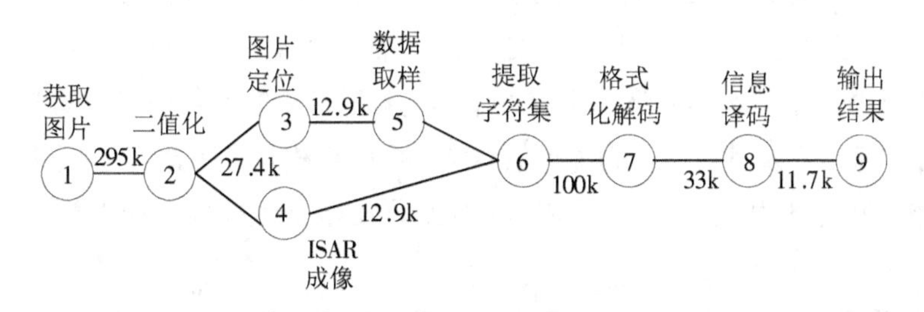

图3-14 多组件QR二维码识别应用

边缘计算环境下的资源数据图来源于斯坦福大学的斯坦福网络分析项目(SNAP)中收集的2002年8月24日的Gnutella网络[104]数据集。SNAP库是一个通用一个通用的网络分析和图挖掘库,自2004年以来一直致力于大型社会和信息网络分析方面的研究,其相关的数据集已经被学者广泛采用[90,104]。Gnutella网络数据集为文本格式(TEXT),共收集了9个Gnutella网络快照。节点代表Gnutella网络拓扑中的主机,边代表Gnutella主机之间的连接。数据集中包含两个字段<FromNodeId, ToNodeId>。其统计信息如表3-4所示,WCC指的是加权社区聚类,是一个基于三角形的社区度量指标。本实验基于Gnutella网络数据集重新进行合成,设置边缘计算节点的个数变化为[300,400,500,600]。云计算节点根据需要可动态扩充。

表3-4　Gnutella网络数据集的统计信息

项　目	值
节点	26 518
边	65 369
最大社区WCC的节点数	26 498(0.999)
最大社区WCC的边数	65 359(1.000)
最小社区SCC的节点数	6 352(0.240)
最小社区SCC的边数	22 928(0.351)
平均聚类系数	0.005 5
三角形数量	986
闭合三角形的比率	0.001 371
直径(最长的最短路径)	10
90百分位的有效直径	6.1

边缘计算集群资源标签和更新数据从ClusterData[105]数据集获得。该数据集包含2011年5月大约12k机器的跟踪数据。对于每台机器，提取其CPU和内存使用情况，每条跟踪数据表示为0到1之间的标准化数值序列，每台机器的初始配置如表3-5[105]所示。本实验将一个集群中的机器随机映射到数据图中的节点，并获得数字标签节点及其更新。为了评估本章提出的算法和对比算法在不同的数值标签分布上执行能力，本实验基于ClusterData样本数据生成标签和更新。

表3-5　ClusterData数据集中集群资源的配置信息

平台	机器数量/个	CPU核数/个	Memory/GB
B	6 732	0.50	0.50
B	3 863	0.50	0.25
C	795	1.00	1.00
A	126	0.25	0.25
C	3	1.50	0.50

3.8.3　比较算法及性能指标

为了分析本章所提出的基于动态子图匹配的应用组件部署算法DGM_mCAD的性能，本实验的对比算法采用文献[87]提出的基于博弈论的计算卸载策略DCOG、Song在文献[106]基于李雅普诺夫优化的卸载算法E2COM，以及从不卸载LC等进行算法性能对比分析。

DCOG是Chen在文献[83]中提出的基于博弈论的分布式卸载方法。本方法由多个移动用户以最小化移动设备能耗和作业完成时间的综合代价为目标，在多个用户之间进行博弈,从而在本地作出是否卸载的决策。文献[140]提出的基于李雅普诺夫优化合作卸载算法E2COM。该方法基于定价机制和李雅普诺夫优化设计了在线任务调度算法,不用预测任务到达、传输速率等未来信息。通过适当地设置权衡系数,可以在能量消耗和互联网数据流量之间实现期望的折中。本地计算LC策略指的是所有用户均选择在各自的设备上执行自己的任务,不执行计算卸载操作。

本实验采用的算法性能评价指标[63-66]为:作业完成时间;系统中用户设备总能耗;作业完成率。其中,作业完成时间指的是作业从用户提交到系统到结果反馈给用户的时间;系统中用户设备总能耗指的是指定时间段内(1 800s)系统中用户设备产生的总能耗;作业完成率表示在指定的时间段内(1 800s)作业完成的数量(满足用户截止时间的算完成,否则为未完成)和用户提交作业总量的比率,用于评估策略的准确性。

3.8.4 实验结果及分析

3.8.4.1 用户偏好调节参数η_1,η_2的敏感性测试

用户偏好调节参数η_1,η_2的敏感性测试是为了评估能耗决策权重和时间决策权重的不同取值对作业完成时间、系统中用户设备总能耗、作业完成率的影响。本组实验用户设备数量固定值为100个,分别取能耗偏好权重$\eta_1=\{0, 0.1, 0.3, 0.5, 0.7, 0.9, 1\}$进行实验,每个终端设备提交作业的平均到达率为3请求/秒,仿真实验时间为1 800s。

图3-15描述了不同的能耗/时延偏好参数下100个用户设备在30m的实验过程中所产生的总能耗的变化情况。可以看出,随着能耗偏好调节参数η_1的逐渐增大,系统中用户设备总能耗是稳步下降的。这说明本书所提出的算法对能耗的偏好调节发生了作用,从最初的$\eta_1=0.1$的

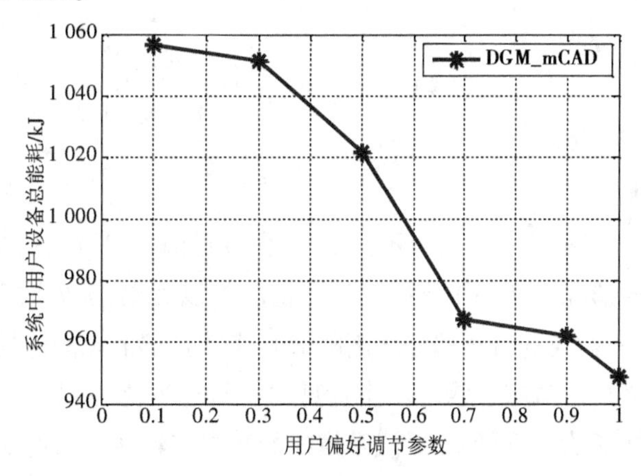

图3-15 不同的能耗/延迟调节参数的设置下的系统中用户设备总能耗

1 056.6(kJ)下降到$\eta_1 = 1$的948.6(kJ),下降率为10.2%。

图3-16描述了不同的能耗/时延偏好参数的变化情况下对应的作业完成时间。从图中的变化趋势了解到,随着能耗偏好参数η_1的逐渐增大(对应的时延偏好η_2逐渐降低),作业完成时间波动很大,原因在于能耗偏好增加的时候卸载的任务逐渐增加,刚开始卸载时,组件在计算能力较差的终端计算的比较多,而且加上数据传输时延,作业完成时延略微增加;随着能耗偏好组件增大,需要组件卸载数量增多,DGM_mCAD的调度优势体现得比较明显,部分组件卸载到执行能力较强的本地边缘服务器上,作业执行时间比在终端明显减少。因此,虽然有数据传输时延,整体作业完成时间最小。但卸载的组件越来越多,本地边缘计算能力有限,需要求助其他资源,会增加一定的传输时延,作业执行时间稍微增加。

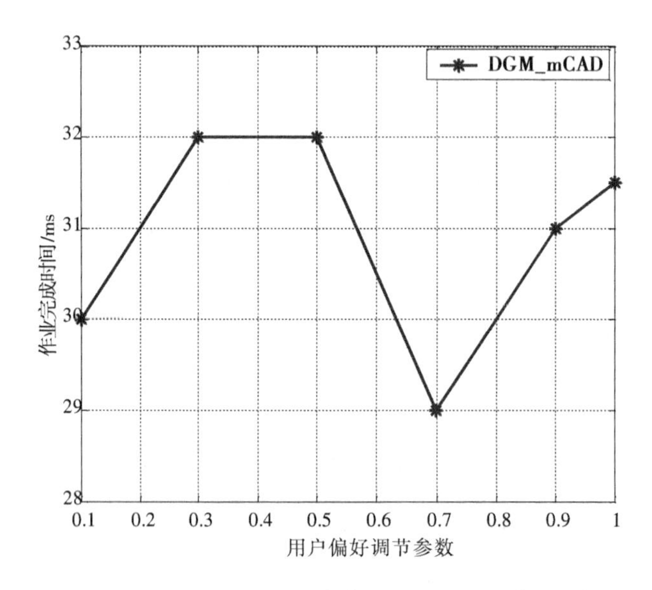

图3-16　不同的能耗/延迟调节参数的设置下的作业完成时间

图3-17表达了不同的能耗/时延偏好参数的变化情况下对应的作业完成率的情况。从图中连线的变化情况可以看出,随着时延能耗偏好参数η_1的逐渐增大(对应的时延偏好逐渐降低),终端要求消耗的能耗减少,组件卸载的数量随之增加。虽然边缘环境中计算的执行速度比终端要快得多,但是大多组件仍然在终端执行,再加上无线网络中的数据传输速度又有所增加,所以整体的作业完成率比重略微上升。当偏好为0.7时,卸载的作业比原来的更大,边缘服务器计算

速度处理更快，相比传输时间整体时间更短，作业完成率更大，这和作业执行时间的变化正好符合。

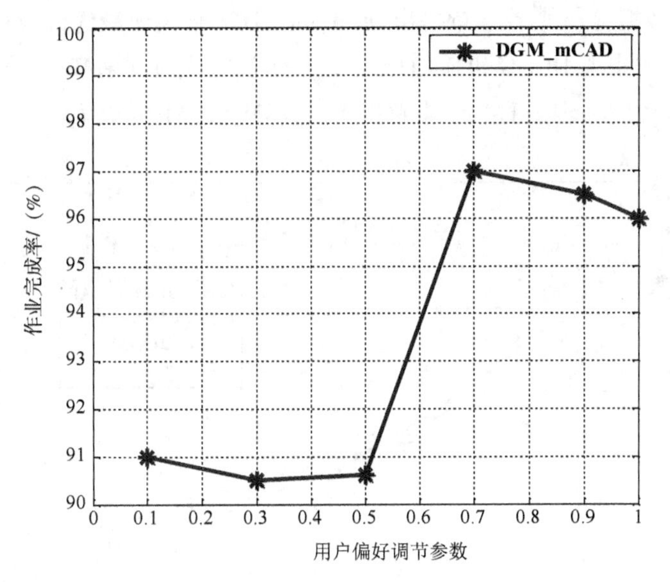

图3-17　不同的能耗/延迟调节参数的下的作业完成率

综上所述，当$\eta_1 = 0.7$时，在本章提出的DGM_mCAD算法作用下用户设备能耗最低，作业完成时间最小，用户的满意度最高，所以，本实验对调节参数的设置为$\eta_1 = 0.7$。如果没有特殊说明，以下对比实验应用截止时间设置为$T_{deadline}$=70ms，两个边缘微数据中心，每个边缘数据中心有4个边缘服务器。

3.8.4.2　对比分析实验

（1）Wi-Fi接入网络带宽不同的情况下对算法性能的影响：在Wi-Fi接入网络带宽不同的情况下，本组实验对DGM_mCAD与DCOG、E2COM及LC等算法做了对比分析。研究无线网络带宽变化范围为120Kb/s到480Kb/s，算法在用户设备总能耗、作业完成时间及作业完成率等性能的表现。其中，接入系统的用户终端固定为100个，边缘MDC 2个，每个MDC有4台边缘服务器，云服务器可随着需求动态扩展。

图3-18显示了四种不同策略在不同Wi-Fi网络接入带宽下作业完成时间的变化情况。当Wi-Fi网络接入带宽从120Kb/s变化到480Kb/s时（步长为60），LC一直在用户终端执行运算，作业完成时间不受Wi-Fi带宽变化的影响，所以其值波动很小。当带宽在[120，300]变化区间时，本书提出的DGM_mCAD卸载

策略下的作业完成时间随着带宽的增加越来越小；在带宽变化范围[300,480]，下降的趋势趋缓。DCOG和E2COM策略下随着带宽的增加作业完成时间呈下降趋势。从数据分析来看本章提出DGM_mCAD策略表现最优，比LC策略减少了55%左右。同时，DCOG和E2COM策略下作业完成时间随Wi-Fi网络带宽变化虽然在不断减小，但一直大于本章提出的DGM_mCAD卸载策略。

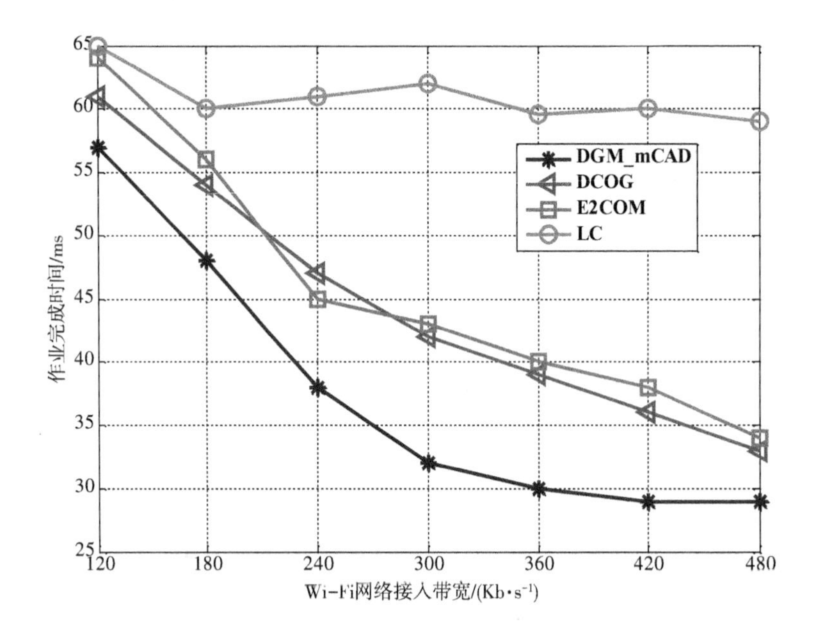

图3-18　不同Wi-Fi网络接入带宽下作业完成时间

图3-19显示了不同Wi-Fi网络接入带宽下四种不同策略的整体用户设备能耗的变化情况。当Wi-Fi网络接入带宽从120Kb/s变化到480Kb/s时，LC策略下终端能耗不受Wi-Fi带宽变化的影响，其值基本保持稳定不变状态。其他三种策略随着带宽的增加，用户设备整体能耗均呈下降趋势。可以看出，本章提出DGM_mCAD的用户设备整体能耗最低，比LC减少了9.3%左右。同时，DCOG和E2COM下用户设备整体能耗随Wi-Fi网络带宽变化虽然在不断下降，但高于本章提出的DGM_mCAD。图3-20显示，Wi-Fi网络接入带宽变化对LC的作业完成率没有影响，对其他三种算法影响很大。随着Wi-Fi接入网络带宽逐渐增大，DGM_mCAD、DCOG和E2COM下的作业完成率逐渐提高。其中，本章提出的DGM_mCAD表现最好，比LC最高提升了77.8%。

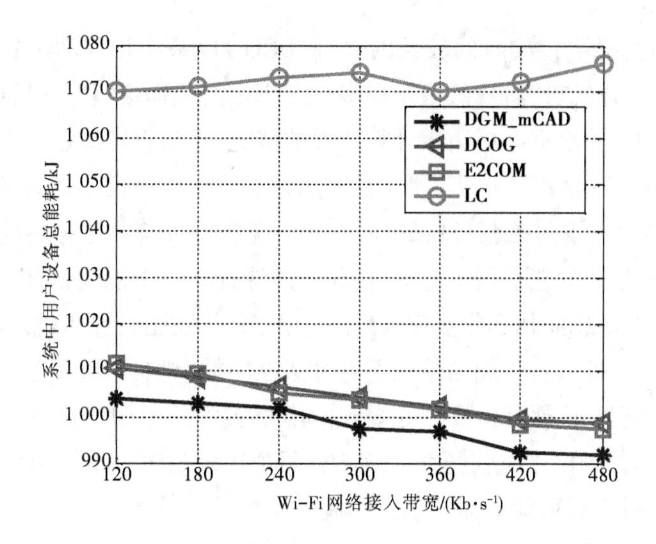

图3-19 不同Wi-Fi网络接入带宽下系统中用户设备总能耗

从图3-18、图3-19和图3-20可以得出如下结论：Wi-Fi网络接入带宽对卸载策略的作业完成时间、系统中用户设备总能耗和作业完成率影响很大。本章提出的DGM_mCAD表现最好。

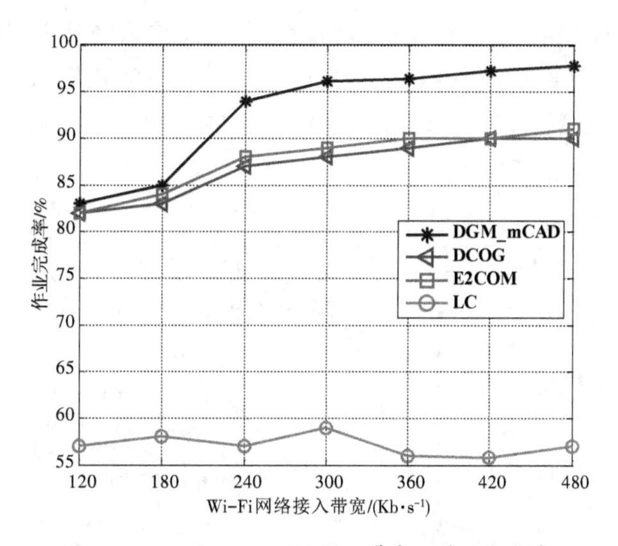

图3-20 不同Wi-Fi网络接入带宽下作业完成率

分析原因如下：DGM_mCAD综合考虑了边缘计算环境中计算节点的能耗和执行性能，同时对动态更新的资源变化能够做出及时响应，并提出了基于网格索引和剪枝的查询优化策略，因此卸载后运算执行速度加快，从一定程度上弥补了带宽有限的情况下传输时间较长的弊端；DCOG以最小化移动设备能耗和作业完成时间的综合代价为目标，只是在多个用户之间选择信道时进行博弈，作出是否卸载的决策，并没有考虑边缘计算资源的情况，也没有考虑边缘之间和云计算之间的协同计算情况，所以其性能提升方面不如本章提出的计算卸载策略；E2COM策略考虑了边缘服务器的性能，在避免重复计算和数据传输方面做了优化，对边缘服务器的能耗做了考虑，优化了边缘计算系统能耗，对作业完成时间、系统中用户设备总能耗和作业完成率三个方面，其性能表现和DCOG接近。

(2)用户设备数量不同的情况下对算法性能的影响：本次实验评估四种策略下三个指标随着不同用户数量的表现。本组实验的中用户设备的数量为{50，100，150，200，250}，带宽设置为480kb/s，两个边缘MDC，每个MDC中服务器的个数为4，云服务器可随着需求动态扩展。

从图3-21可以看出，随着用户设备数量的增加，DGM_mCAD、DCOG及E2COM的作业完成时间随用户设备数量的增加而增加，整个边缘计算系统的负载增大，作业完成时间增加。由于LC策略是从不卸载策略，其执行时间保持相对稳定不变状态。很明显可以看出，本章提出的DGM_mCAD在用户设备数量增长的过程中，设备数量小于或等于250时，作业的平均完成时间小于40毫秒；在设备数量为300时，作业平均完成时间和其他三种策略基本相同(约为65毫秒)。而DCOG及E2COM策略在用户设备个数大于100的时候，作业的平均完成时间增加到65毫秒左右。通过对比可以看到本章的DGM_mCAD较其他策略在作业完成时间上表现突出。

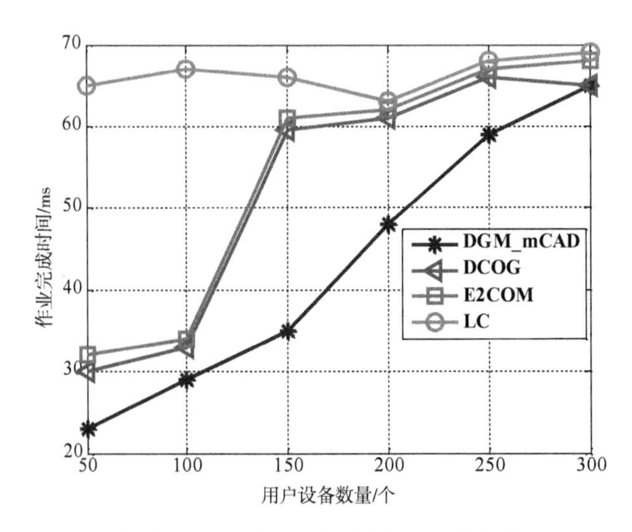

图3-21　不同用户设备数量下作业完成时间

从图3-22可以看出，随着不同用户设备数量下的增加，四种策略下的系统中用户设备总能耗都呈上升趋势，DGM_mCAD、DCOG及E2COM能耗基本持平，和LC相比，本章提出的DGM_mCAD能耗较少。图3-23显示随着用户设备数量的增加，DGM_mCAD策略作业完成率处于稳定状态，一直比从不卸载策略LC高出83%左右。而DCOG及E2COM策略在用户设备个数小于或等于250时，作业完成率随用户设备的增加有所下降；在大于250时，作业完成率和从不卸载策略LC保持一致。

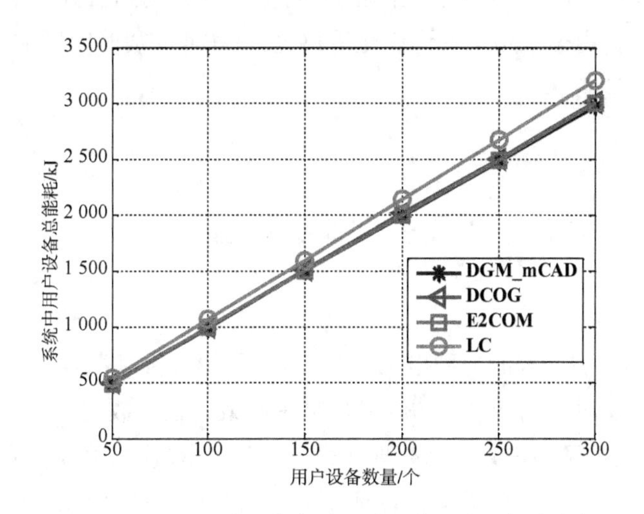

图3-22　不同用户设备数量下系统中用户设备总能耗

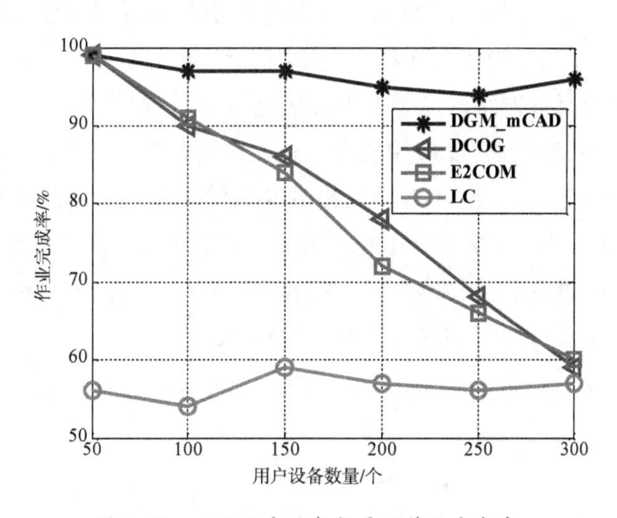

图3-23　不同用户设备数量下作业完成率

综上所述,可以得出如下结论:本章提出基于动态子图匹配的应用组件部署算法DGM_mCAD总体性能表现良好。用户设备数量对所有策略的系统中用户设备总能耗影响很大;在作业完成率上,对DGM_mCAD策略和LC策略影响不大。原因如下:DGM_mCAD采用的其他边缘微数据中心和云中心的协同计算策略,在卸载的过程中,随着用户设备数量增加,整个系统负载变大,DGM_mCAD策略可把负载分发到邻近的边缘数据中心,在用户设备数量小于或等于250时,作业平均时间略微上升;但是在负载过大(大于250)、边缘计算资源有限的情况下,只能同DCOG和E2COM两个策略一样,把负载分发到云数据中心处理或在终端执行,此时,由于采用了查询优化策略,虽然作业完成时间增加,但还小于或等于其他三种策略。

3.9 本章小结

由于用户终端处理能力和电池电量有限,利用计算卸载技术可将计算密集度高的物联网实时应用迁移到边缘微数据中心或远程云数据中心。如何选择高效的卸载策略、扩展用户终端的处理能力、满足大规模实时物联网应用需求是亟待解决的问题。本书提出边缘计算环境下多组件应用的计算卸载策略,该策略以组件为应用划分单位,根据组件间的隶属度来确定聚类关系,利用模糊聚类算法对物联网应用进行准确划分;然后综合考虑物联网应用时延和用户终端的能耗,分别计算本地和边缘或云计算节点的综合代价;分析用户位置和边缘或云计算环境中计算、存储、网络资源等上下文信息,当达到卸载条件时,采用动态子图匹配方法进行多组件细粒度应用放置。通过与对比算法(LC、DCOG及E2COM)进行比较分析的实验表明,本章所提出的卸载策略能有效解决终端设备在资源存储、计算性能及能效等方面存在的问题,并能充分利用其他边缘微数据中心和远程云数据中心资源,协同处理多组件的物联网应用作业,降低作业完成时间和系统中用户设备总能耗,从而提升用户体验满意度。

第4章

能耗感知的多层资源动态分配方法

4.1 引言

边缘微数据中心位于中心云数据中心和终端设备之间,可以提供具有快速反应能力的本地计算,以弥补终端设备能耗或计算能力不足,且解决远程云计算由于长距离通信而造成的延迟过高的问题。这样,就形成了云数据中心、边缘MDC及终端设备组成的多级分布式异构资源环境。美国环境保护署报告[107]表明数据中心的能源消耗占美国电网总量的2%,并且每五年增加一倍。谷歌工程师的研究[108]显示数据中心中CPU利用率低于50%,并且大量节点在其约75%运行时间内处于低负载状态。瑞典研究人员Anders Andrae预测[109],到2025年,数据中心将占到全球能耗的最大份额,占33%。由于服务器价格不断下降,能耗成本无疑将增加其在未来云和边缘数据中心总成本的比例。中国、美国和欧盟等要求数据中心必须实施节能最佳实践方案[110]。

在“边缘-云”多级异构资源处理系统中,用户请求的完成时间依赖作业负载、处理位置和计算资源规模。其中输入数据集的大小和作业的类型决定了系统的负载,计算资源规模决定计算节点的并行度。一方面,计算资源规模越大,系统处理速度越快,但同时也导致数据中心能源消耗增加;另一方面,由于边缘MDC的计算和存储能力受限,远程云数据中心资源无限但是需要长距离的数据通信,这些因素都可能对作业的完成时间产生不利的影响。因此,面对复杂的物联网应用场景,如何对多级异构资源进行合理分配,充分利用边缘和云资源的各自优势,最大化“边缘-云”多层资源利用效率,在满足用户QoS的前提下如何降低“边缘-云”多层异构资源的能耗成本是具有挑战性的问题。

已有的集群计算、网格计算和云计算中关于能耗感知的资源分配的研究不一定适合云边协同环境中的多数据中心异构资源环境和新兴的低延迟的应用处理需求。因此,针对分布式多层异构资源的合理分配问题,本章提出能耗成本感知的“边缘-云”多层资源动态分配方法。其创新性在于:第一,建立了“边缘-云”资源提供场景下的能耗感知的多维背包问题(MKP)资源分配模型,并设计了能耗感知的贪心算法(EAGA)来实现服务器资源整合调度,在实现最小化能耗的目标的同时满足用户SLA(如作业的截止时间);第二,为了提供合理的边缘计算节点数量,提出了动态节点开启/关闭策略。由于考虑了开启服务器的能量消耗问题,能耗感知调度框架(ESF)提供了延迟关闭策略可以平滑地切换节点状态,以避免频繁开启和关闭服务器带来的抖动。

4.2 云/边缘计算环境下资源分配研究现状

云边协同环境下的资源分配策略[111]整合云和边缘计算服务提供商的物理和虚拟资源,从候选资源池中选择最佳的资源配置,基于明确的优化目标将用户提交的请求有效调度到边缘或云数据中心、机架和物理服务器中。在云/边缘计算等分布式环境下,需要考虑其特有的资源特点、用户偏好及应用的类型。因此,资源分配策略已经成为学术界和产业界比较关注的具有挑战性的问题。资源分配策略的研究主要以高效节能、负载均衡、信任、可靠性、用户体验或综合指标等为调度目标,目前产业界和学术界已经有较多的研究成果。

业界广泛用于大数据处理的Apache Hadoop YARN[112]是基于Hadoop平台的一个通用的分布式资源管理器,其主要思想是将资源管理和作业调度/监控分离,用全局的资源管理器(RM)和每个节点管理器(NM)协同进行资源的监视和资源分配,其中RM控制整个集群并根据调度策略为应用分配资源;NM为集群中的每个节点提供服务,并对节点中的容器资源进行监视和跟踪。2015年7月Google发布的Kubernetes平台可以独立运行在物理机、虚拟机集群或托管到公有云中,实现了基于轻量级Docker容器集群的多粒度资源配额管理,是一个全新的分布式微服务架构解决方案[113]，如图4-1所示。

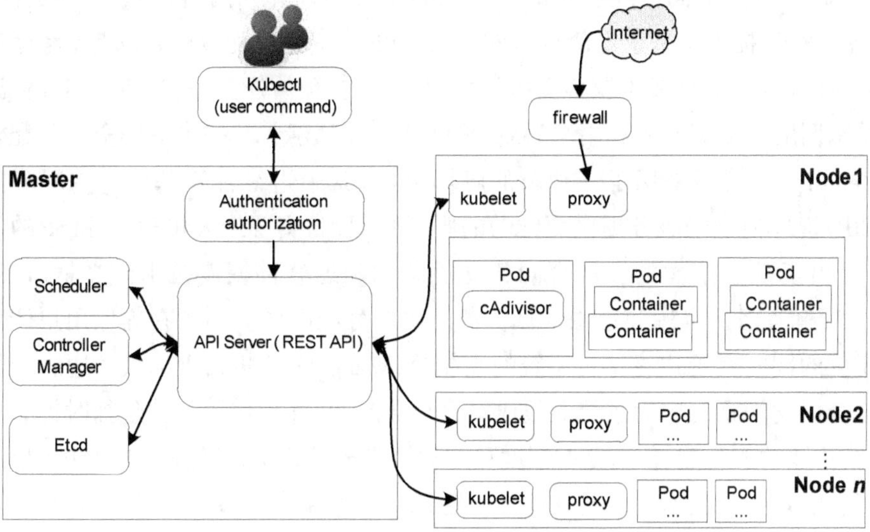

图4-1 Kubernets平台主要组件架构

由于边缘计算近几年才发展起来，学术界关于边缘计算资源分配策略的研究相对较少。Pahl等[114]对基于容器(container)的轻量级虚拟化服务部署技术及其在边缘云环境下的适应性和局限性作了综述性研究。该文献对轻量级容器化集群的微服务部署技术和传统的基于VM集群的服务部署作了对比分析。为保证设备低延迟要求的同时最小化MEC系统的总能量消耗，Lyu等[86]研究了任务调度和资源分配策略，提出了一种渐近最优的任务调度方法和量化动态规划算法。该研究的关键思想是将任务调度的混合整数规划问题转换为具有最优子结构的整数规划(IP)问题，但是其资源调度只考虑了单个边缘服务器和终端设备的情况，并没有考虑多边缘微数据中心及边缘和云之间的协同资源调度。在保证时延的前提下，Souza等[115]研究雾计算和云计算协同资源选择和服务分配问题，提出了新型的4层雾云组合架构，将雾-云联合架构中的QoS服务感知问题归约为整数优化问题，并用PuLP和Gurobi优化器进行实验验证。Wang等[116]针对边缘云环境下用户移动、资源价格随意变化等问题，考虑运营成本、服务质量成本、重新配置成本和迁移成本，把资源分配问题转换为线性规划问题(ILP)，提出了基于正则方法的高效在线算法。文献[115]主要考虑的是时延最小化的问题。文献[116]研究的是多边缘云环境下最小化经济代价的资源分配问题，没有关注整个边缘计算系统的能耗问题。Jarray等[117]考虑用户QoS需求的动态变化,提出了边缘数据中心的资源分配方法,该方法采用列生成和分支定界和绑定技术,对分布在不同地理位置的边缘数据中心的计算和网络资源进行联合优化。Ni等[118]提出了基于定价Petri网(PTPN)的雾资源分配策略。该策略考虑任务的时间成本、价格成本及雾资源的可信度评估,预估任务完成时间,实现资源的动态调度并提高资源利用率。Xu等[119]提出了边缘计算平台中的资源分配模型Zenith。该模型采用了一种新的解耦架构,其中边缘计算基础架构服务商(ECIP)管理独立于服务提供商(SP)的服务管理,为实现最大化ECIP和SP的效用,提出了基于拍卖的资源合同建立机制和延迟软件调度技术。文献[118-119]没有考虑云资源和边缘计算资源的协同分配问题。为了在确保用户体验满意度的同时实现边缘计算系统的高能效,Wang等[120]将计算卸载和边缘云资源联合优化问题制定为系统能效成本最小化问题,并提出了一种包括时钟频率调节、传输功率分配、信道速率调度和卸载策略选择分布式算法。该算法提出的时间和能效优化技术主要是在终端设备采用时钟频率调节技术,另外是采用协同中心云的边缘计算环境考虑传输功率分配及卸载速率的调整技术。

目前为止,在数据中心节能调度优化策略可分为三类[121]:基于节点电源开/关的服务器整合技术、多数据中心联合调度技术和动态电压频率调整(DVFS)策略。例如,Mashayekhy等[122]提出了能满足服务水平协议(SLA)的面向MapReduce应用的高能效框架。该框架将单个MapReduce作业的能耗感知调度问题建模为整数规划问题,然后设计两种启发式算法EMRSA-Ⅰ和EMRSA-Ⅱ,可以把map和reduce任务分配到到最优的机器插槽,以便最小化应用执行时集群消耗的能量。Lang和Patel[123]提出了MapReduce集群中能耗All-In Strategy(AIS)管理策略。该策略考虑到资源的利用,集群的节点状态在“所有节点全开”和“所有节点全关”之间转换。该研究工作利用这两种极端技术进行资源部署。Gandhi等[124]引入了动态容量管理策略(名为AutoScale),该策略在满足作业完成时间的同时在多层数据中心根据需要被动地添加或删除服务器。Cardosa等[125]提出了批处理和在线处理场景下的时空权衡VM放置策略,动态地改变集群大小来不断降低同类MapReduce集群的能耗。Żotkiewicz等[126]面向DAG工作流服务提供了一种在线的、基于能耗和通信感知的数据中心资源调度策略,通过关闭空闲服务器来节省能耗。调度过程分解为两个阶段,第一阶段在数据中心的网关中设置各个任务的虚拟截止期限;第二阶段考虑到服务器的特征,服务器的物理位置及服务器和链路的当前负载,将任务动态分配给服务器。文献[127-128]通过动态电压频率调节技术(DVFS)降低了处理器的功耗。

与上述研究不同的是，本书提出的能耗感知的"边缘-云"多层资源动态分配方法，在满足用户的低延迟DAG应用需求的同时，采用两种技术来实现节能：一是通过滚动预测未来的工作负载，延迟关闭节点；二是基于启发式的细粒度的节能调度策略，把作业分发到高能效的计算节点上，对服务器资源进行整合，以便可以关闭更多的空闲节点。

4.3 能耗感知的"边缘-云"资源调度框架

为了节约能耗并且满足用户的SLA，本章设计了分布式"边缘-云"多级资源能耗感知调度框架(ESF)。该框架主要由的多级资源能耗感知调度器和动态节点管理模块组成。动态节点管理块为当前作业提供数量适当的资源，该模块包括监视器、负载滚动预测和节点关闭/打开三个主要组件。可以看出，能耗成本感知的分布式"边缘-云"多级资源分配框架中有两种节省能耗成本的方法：一种是利用能耗感知的多级资源公平调度策略，将能耗低效率高的节点合理公平地调配给队列中的作业。另一种是关闭掉在指定持续时间内一直保持空闲状态的计算节点。多租户协同边缘和云计算环境中具有动态节点管理机制的能耗感知公平调度框架如图4-2所示。

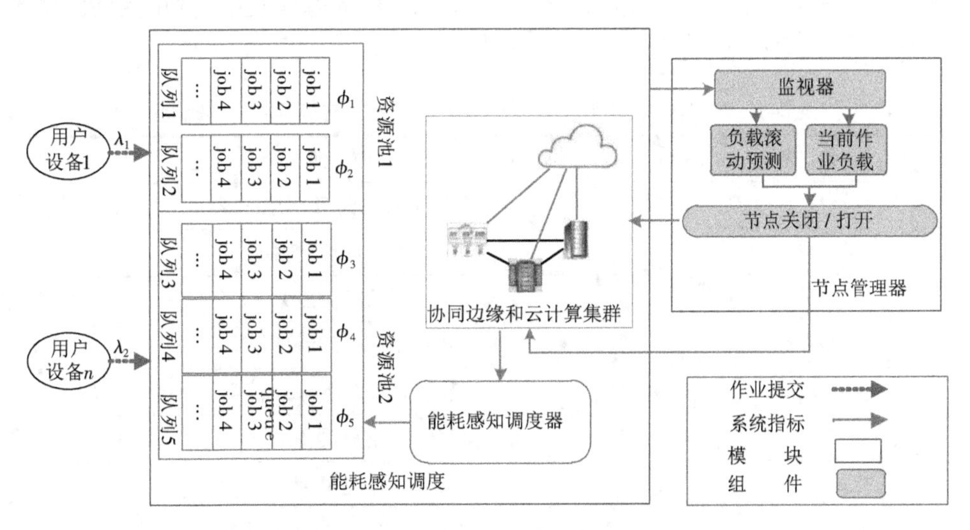

图4-2 多租户协同边缘和云计算环境下能耗感知公平调度框架

在能耗感知的分布式"边缘-云"多级资源分配框架中，授权用户通过用户设备随机将具有低延迟需求的请求提交给系统。每个用户提交的处理请求具有不同的平均到达率($\lambda_1, \lambda_2, \cdots$)。调度器将这些处理请求看成作业，并进一步将作业组织到"队列"中，这些队列之间公平地共享资源份额($\phi_1, \phi_2, \cdots$)。在每个队列中，利用能耗感知公平调度策略将资源分配给正在等待处理的作业。同时，监视器模块会定期测量系统的指标。滚动负载预测模块利用与时间相关的数据序列，预测将来下一个时间段内系统的作业负载，同时预测模型的参数p可以根据在线收集的负载不断更新。动态节点管理模块通过打开或关闭"边缘-云"多层异构资源节点来增加或减少可用的资源，其中，开启节点组件根据用户的作业截止时间和系统当前工作负载决定需要开启多少计算节点；关闭节点组件监控空闲节点，如果发现其保持激活状态并持续一定时间，一旦超过预定的阈值，则该节点关闭。调度、监视器、负载预测、关闭节点/开启节点组件分为单独的进程。这些组件共享系统指标，如提交的作业信息、可用资源、每个作业的性能及容器资源上的每个任务执行时间等。

能耗感知调度器负责为各种运行的在线作业分配资源。由于资源容量、队列长度等约束，该调度器采用两种级别资源分配策略，这与常用的公平调度器的三级资源分配不同。即能耗感知调度器对队列中的资源和每个队列中应用的整个任务进行区分。在第一级中调度器首先将资源等份额分配给应用队列；在第二级中调度器使用本章提出的能耗感知调度策略定期地将资源分配给队列中所有应用的任务。表4-1为"边缘-云"协同资源分配问题建模中用到的参数及其说明。

表4-1 "边缘-云"协同资源分配问题建模中用到的参数及其说明

参数	说明
s_m^i	数据中心m的第i个服务器
f_m^i	s_m^i的计算能力
c_m^i	s_m^i的存储能力
$loc(m)$	数据中心m的地理位置
$B_{m,n}^{i,j}$	节点s_m^i和s_n^j之间的带宽
ue_i	用户设备
J	作业集合
j_a^b	第a个作业的第b个任务

续表

参　数	说　明
ϖ_a^b	任务j_a^b需要的计算资源
κ_a^b	任务j_a^b需要的存储资源
$d_a^{p,q}$	任务j_a^p和j_a^q之间的数据传输量
$x_{i,m}^{p,q}$	决策变量，作业i的任务p是否分配s_m^q上
ET_{j_i}	工作流作业j_i执行时间
$FT(j_i^p, s_m^q)$	任务j_i^p在服务器s_m^q上的完成时间
$ET(j_i^p, s_m^q)$	任务j_i^p在服务器s_m^q上的执行时间
$EST(j_i^p, s_m^q)$	j_i^p的最早开始执行时间
$TM(j_i^{pre}, j_i^p)$	数据从父任务j_i^{pre}传输到j_i^p时所耗费时间
$delay_{a,b}$	服务器a，b之间的单位延迟
p_m^q	s_m^q的功率
D_{i_level}	工作流i-level阶段的作业截止时间
$t_{i,m}^{p,q}$	任务j_i^p在节点s_m^q上的执行时间

4.4 能耗感知的多层资源分配问题描述与建模

4.4.1 问题描述

在边缘计算环境中，边缘MDC及云数据中心组成了多级异构资源环境。其中边缘MDC可以是本地的边缘MDC，也可以是可共享的附近边缘MDC。授权用户可以向资源管理器提交具有服务水平协议(SLA)保障(如截止时间)的物联网应用处理请求。用户提交的请求可能由本地或邻居边缘MDC及远程云数据中心处理，调度器为每个请求分配资源以完成其计算任务。设一个物联网应用处理请求为系统的作业，特别说明的是本章研究的应用是具有依赖关系的工作流应用，该应用可以用有向无环图DAG建模。能耗感知的“边缘-云”多层异构资源平滑分配问题定义如下：

给定由多个边缘MDC和云数据中心构成的多级异构资源组成的协同云边

计算环境，多个用户在不同的地区，在某时间段内不断提交物联网作业到用户所在的边缘MDC。当应用负载大时，本地边缘MDC需要协同其他边缘MDC或云数据中心提供资源协同处理才能满足需求，但是能耗成本也随之增加；当应用负载小时，需要较少的资源就能满足用户需求。本章的任务是在边缘资源容量和时延限制的情况下，如何设计动态资源分配策略对"边缘-云"多级异构协同资源合理分配，在满足用户低时延服务需求的同时，实现系统能耗最小化的目标。

4.4.2 系统模型

资源模型：本章研究的协同边缘和云计算环境由若干个边缘MDC和远程云数据中心组成。边缘MDC部署在接入网基站位置或接入网的汇聚侧，其服务器规模要比云数据中心少，但可以提供低时延的本地计算，远程云数据中心可以为用户提供无限的资源服务，边缘MDC之间、边缘MDC与云数据中心之间通过Internet连接。其中，第m个数据中心中的计算节点i（也称服务器）用s_m^i表示，其计算能力为f_m^i，当前可用存储能力为c_m^i，地理位置为$loc(m)$。节点s_m^i和节点s_n^j之间的带宽为$B_{m,n}^{i,j}$，其中$m \neq n$，表示是不同的数据中心；同一个数据中心的地理位置相同，本章约定其带宽不受约束，通信时延为0。

用户设备：用户设备ue_l通过接入网络把采集到的数据信息提交到协同边缘和云计算系统，其地理位置为loc_{ue_l}。用户设备可以是智能手机、智能感知设备、摄像探头等。

作业负载：本章把一个物联网应用处理请求称为一个作业(job)。多用户提交的作业数量随时间动态变化。在边缘计算管理系统中，作业集合$J = \{j_1, j_2, \cdots, j_n\}$，每个作业由多个任务组成，第$a$个作业的第$b$个任务用标识符$j_a^b$表示，其需要的计算资源$\varpi_a^b$、存储资源$\kappa_a^b$、任务$j_a^p$和$j_a^q$之间的数据传输量为$d_a^{p,q}$。

4.4.3 问题建模

"边缘-云"多层异构资源平滑分配策略首先设置边缘服务器执行或"边缘-云"协同执行的切换条件，其次分别计算作业完成时间、系统能耗成本，最后提出能耗感知的"边缘-云"多层异构资源分配模型。

4.4.3.1 "边缘"与"边缘-云"联合资源提供切换条件

在边缘服务器资源有足够的资源满足用户SLA即$\sum_i x_{ijt} > \omega_{it}, \forall j, \forall t$，则从用户终端卸载的计算任务由边缘服务器执行，否则计算任务由"边缘-云"两层资源协同执行。

4.4.3.2 作业完成时间

本章考虑具有依赖关系的物联网工作流作业。作业由多个可分解的任务组成，这些任务可以并行分布处理，作业完成时间与任务类型、数据负载、端到端传输时延及分配的资源数量有关系。具有依赖关系的任务的完成时间ET_{j_i}由最后处理的任务时间决定，每个作业的任务个数、子任务之间的关系和任务之间传输数据大小在用户提交的作业时候已经确定。

设$x_{i,m}^{p,q}$为第i个作业的第p个任务是否部署在数据中心m的第q个节点上，该指示变量定义如式(4-1)所示。

$$x_{i,m}^{p,q} = \begin{cases} 1, 如果任务 j_i^p 被分配到服务器 s_m^q 上; \\ 0, 否则 \end{cases} \tag{4-1}$$

因此，具有依赖关系的DAG工作流作业j_i完成时间如式(4-2)所示。

$$ET_{j_i} = \max_{x_{j,m}^{i,q}} \{FT(j_i^p, s_m^q) x_{i,m}^{p,q}\} \tag{4-2}$$

式中，$x_{i,m}^{p,q}$为资源分配决策变量，$FT(j_i^p, s_m^q)$作为任务在服务器s_m^q上的完成时间，其描述如式(4-3)所示。

$$FT(j_i^p, s_m^q) = ET(j_i^p, s_m^q) + EST(j_i^p, s_m^q) \tag{4-3}$$

这里，$ET(j_i^p, s_m^q) = p_{i,m}^{p,q} \varpi_i^p / f_m^q$为在服务器$s_m^q$上的任务$j_i^p$的执行时间，其中，$\varpi_i^p$为计算负载(MI)，$f_m^q$表示$s_m^q$的计算速度(MIPS)。$EST(j_i^p, s_m^q)$表示$j_i^p$的最早开始执行时间。在应用执行的工程中，$EST$被递归定义，如式(4-4)所示。

$$EST(j_i^p, s_m^q) = \max \begin{cases} t_{\text{enable}}(s_m^q) \\ \max(x_{i,m}^{p,q}(FT(j_i^{\text{pre}}) + TM(j_i^{\text{pre}}, j_i^p))), j_i^{\text{pre}} \in j_i \end{cases} \tag{4-4}$$

对于作业的入口任务j_i^{entry}，$EST(j_i^{\text{entry}})=0$，$TM(j_i^{\text{pre}}, j_i^p)$表示为将数据从父任务$j_i^{\text{pre}}$传输到$j_i^p$时所耗费时间，$t_{\text{enable}}(s_m^q)$是服务器$s_m^q$任务执行的开始时间，如式(4-5)所示。

$$TM(j_i^{\text{pre}}, j_i^p) = d_i^{\text{pre},p}\, delay_{loc(j_i^{\text{pre}}), loc(j_i^p)} \tag{4-5}$$

式中，$delay_{loc(p_i^{\text{pre}}), loc(p_i^p)}$为任务所在服务器之间的单位延迟。

4.4.3.3 协同边缘计算环境下服务器能耗计算

当在线作业不断提交到系统时，集群的每个服务器节点都处于某种状态，如工作、空闲、转换和关闭状态。本章假设节点服务器在工作，空闲和转换状态时消耗能量。设p_i是指定状态中每个节点的功率，其具有四个常数值，如式(4-6)所示。

$$p_i=\begin{cases}0, & \text{节点处理关闭状态}\\ e_1, & \text{节点处于忙碌状态}\\ e_2, & \text{节点处于空闲状态}\\ e_3, & \text{节点处于转换状态}\end{cases} \tag{4-6}$$

因此，系统总能耗定义如式(4-7)所示。

$$E_{\text{cluster}}=\sum_{i=1}^{m}\left(\int_{t_a}^{t_b}p_i\,\mathrm{d}t\right) \tag{4-7}$$

式中，m为“边缘-云”集群中节点总数，t_a和t_b是系统内作业执行开始时间和结束时间。

每个子任务可以提交到每个资源执行，资源是一个抽象的单位，不同的资源管理系统，其分配的CPU、内存等资源个数和性能不同，每个任务分配到资源的执行时间也不相同。当用户提交作业请求时，资源调度器需要提供一定的资源，并把资源分配给对应的作业。由于边缘MDC的数据中心的资源容量(CPU、内存、存储空间及网络资源)有限，因此承担的作业请求任务也是有限的；同时，有的任务需要的资源量比较多，所依托的处理资源不能完成任务，需要多个资源来处理。同一个时间段内分配的资源越多，并行处理规模就越大，完成的时间越短；否则，要么在边缘环境下排队等待处理，要么提交到其他数据中心协同处理，此时计算时延和能耗成本都会增加。则能耗感知的多层资源分配问题表示为多维背包问题(MKP)如式(4-8)和式(4-9)所示：

$$\min\sum_{m}\sum_{q}\sum_{i}\sum_{p}x_{i,m}^{p,q}\,t_{i,m}^{p,q}\,P_m^q \tag{4-8}$$

$$\text{s.t.}\quad\begin{aligned}&\text{C1: }\sum_{i}\sum_{p}x_{i,m}^{p,q}\cdot\varpi_i^p\leqslant c_m^q,\ \forall m,q\\ &\text{C2: }\sum_{i}\sum_{p}\sum_{m}\sum_{q}x_{i,m}^{p,q}\leqslant 1\\ &\text{C3: }\max ET_{i\_\text{level}}\leqslant D_{i\_\text{level}}\\ &\text{C4: }\sum_{i}\sum_{p}x_{i,m}^{p,a}\,x_{i,m}^{p,b}\,d_i^p\leqslant B_{a,b},\ \forall m,a,b\end{aligned} \tag{4-9}$$

式(4-8)中，P_m^q为服务器s_m^q的功率。很明显，这里P_m^q为常量，$t_{i,m}^{p,q}$表示任务j_i^p在节

点s_m^q上的执行时间,可以通过利用任务分析技术从历史信息中获得,可从配置文件里读取。ϖ_i^p代表第i个作业的第p个任务所需求的资源,c_m^q为服务器s_m^a的可用存储资源数量。可以从用户配置文件里读取。第i个作业的每个子阶段的执行时间均不能超过用户截止时间为D_{i_level}。这里c_m^q,ϖ_i^p,$t_{i,m}^{p,q}$以及D_{i_level}均为常量。本章的主要目标是从边缘计算的服务器集合中(包含远程云计算节点和附近协同边缘计算节点)寻找其中的子集,这些子集满足目标函数式(4-8)资源能耗代价最小化及所有的限制条件式(4-9)。约束C2确保将每个任务分配到一个或零个节点上执行。因此,本章研究的MKP被转换为0-1 MKP。约束C3表示在具有依赖关系DAG工作流被分成若干个串行执行阶段,每个阶段内并行执行的任务中最大执行时间不能超过约束时间。约束C4为带宽约束。式(4-9)中描述的m约束称为背包约束。因此MKP也称m维背包问题,已被证明NP完全问题,本章提出了一种启发式算法。

4.5 能耗感知的多层资源分配策略

对“边缘-云”多层分布式协同异构计算集群来讲,应用请求处理时延和能耗成本的影响主要包含两个因素:①计算所在的位置,即选择哪个数据中心为用户服务;②目标数据中心中为用户请求分配的资源数量。针对“边缘-云”多层异构分布式资源平滑分配问题,本章提出的分配策略包含三个过程:边缘MDC服务器服务区域划分、任务负载滚动预测和能耗感知的资源分配算法。

4.5.1 边缘MDC服务区域划分

由于边缘MDC具有广泛的地理分布特征,用户设备的通信时延和边缘MDC所在地理位置之间的距离紧密相关。因此,需要确定用户设备提供服务最近的本地边缘MDC。本章利用加权维诺图(WVD)[119]选择正确的MDC以最小化地理地图中每个用户设备和每个边缘MDC之间的服务的延迟。

定义1:维诺图(Voronoi Diagram)[129]设$P=\{p_1,p_2,\cdots,p_n\}$为平面上任意n个互不相同的基点,由P对应的维诺图是整个平面被分成n个单元的子区域。对于位于基点p_i所对应的子区域划分中的任一点q，当且仅当对于任何$p_j \in P, j \neq i$，都有$d(q,p_i) < d(q,p_j)$，这里$d(\cdot)$为两点之间的欧式距离。维诺图的特征是围绕基点组成的区域内任意一点到该基点的距离都要小于该点到其他基点的距离。

加权维诺图(WVD)[129]设$P=\{p_1,p_2,\cdots,p_n\}$为平面上任意n个互不相同的基点，对每一个基点$p_i(i=1,2,\cdots,n)$赋予非负实数权重$w_i(i=1,2,\cdots,n)$，则$d_w(q,p_i)$是平面上任意点q与p_i之间的加权距离。加权维诺图在维诺图的基础上赋予各点不同权重，是按照加权的欧氏距离划分平面空间。对于位于基点p_i所对应的子区域划分中的任一点q，当且仅当对于任何$p_j \in P, j \neq i$，都有$d_w(q,p_i) < d_w(q,p_j)$。令$V(p_i,w_i) = \bigcap_{i=j}\{p \mid d_w(q,p_i) = d_w(q,p_j)\}(i,j=1,2,\cdots,n)$为点$p_i$的权重为$w_i$的维诺图区域，或称点$p_i$的加权维诺区域，由$V(p_i,w_i)$构成的图形为基点集合$P$的加权维诺图。

本章利用加权维诺图对边缘MDC进行服务区域划分，以确定各边缘MDC所服务用户终端设备集合。根据终端设备ue与各边缘MDC的欧式距离及各边缘MDC的任务处理能力，确定每个边缘服务器所服务的终端设备集合。设边缘MDC ec_m的执行能力为t_m^{exe}。根据加权维诺图，边缘服务器es_m所服务的终端设备集合如式(4-10)所示。

$$V(ec_m, t_m^{\mathrm{exe}}) = \bigcap_{m \neq m'} (ue|d(ue, ec_m)t_m^{\mathrm{exe}} \leqslant d(ue, ec_{m'})t_{m'}^{\mathrm{exe}}),\ (m, m' = 1, 2, \cdots, N_{ec}) \tag{4-10}$$

式中，$V(ec_m,t_m^{\mathrm{exe}})$是权重为$t_m^{\mathrm{exe}}$的边缘MDC $ec_m(m = 1, 2, \cdots, N_{ec})$所服务区域内终端设备的集合，$d(ue, ec_m)$代表终端设备$ue$和边缘MDC ec_m之间的欧式距离。则所有边缘MDC服务区域内终端设备集合如式(4-11)所示。

$$V_{EC} = \bigcup_{ec_m \in EC} V(ec_m, t_m^{\mathrm{exe}}),\ m = 1, 2, 3, \cdots, N_{ec} \tag{4-11}$$

加权维诺图被广泛用于GIS，传感器网络和无线网络的技术，可以进行放置决策以实现效用函数最大化。本章利用加权维诺图(WVD)技术将用户设备和边缘MDC之间的距离最小化问题简化为地图划分问题，可以在多项式时间内解决。如图4-3为部署7个边缘MDC和用户设备(图中的原点)的维诺图示例。

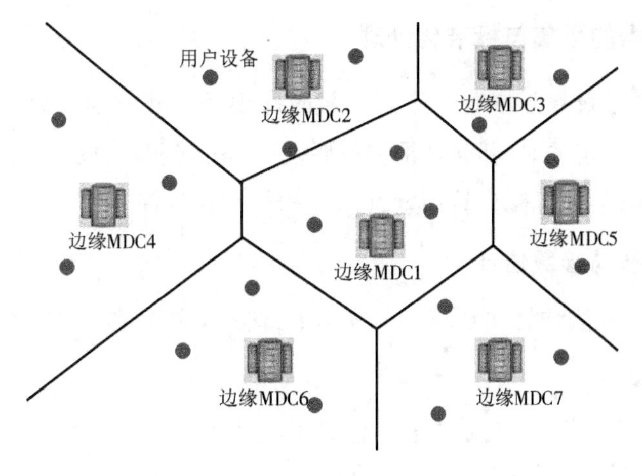

图4-3 某地区部署7个边缘MDC和用户设备的维诺图示例

4.5.2 任务负载滚动预测

在每一个边缘MDC服务区域内,终端用户提交的请求数量随时间的变化而变化。因此,在给定的时间间隔内不断采集系统数据(比如每个时隙内的请求数量和输入的数据负载),然后根据这些采集的历史数据可以预测出未来下一个时隙该边缘MDC区域内的工作负载。调度器根据预测的负载和当前可用的资源来确定是否利用附近的边缘资源或到租用远程云资源来完成用户的任务需求,或者当所在区域内工作负载保持较低水平时让计算节点保持节能状态。

利用基于时间序列的自相关模型AR(p)进行工作负载滚动预测,根据预测的数据合理分配资源,在满足用户SLA的同时提高边缘MDC的资源利用率,实现节约能耗成本的目的。

对于第i个边缘服务区域时间序列负载$\{x_t^i\}$, $t=1,2,\cdots,N$,自相关模型AR(p)的表示如式(4-12)所示。

$$x_t^i=\theta_1 x_{t-1}^i+\theta_2 x_{t-2}^i+\cdots+\theta_p x_{t-p}^i+\varepsilon_t,\ \varepsilon_t \sim NID(0,\sigma_\varepsilon^2) \tag{4-12}$$

式(4-12)为p阶自回归模型,$\theta_1,\theta_2,\cdots,\theta_p$为自回归模型的系数。其中,$x_{t-i}^m(i=1,2,\cdots,p)$为在$t-i$时隙采集的边缘MDC ec_m处理的任务负载量。本章采用最小二乘法确定模AR(p)型的参数$\theta_1,\theta_2,\cdots,\theta_p$和$\sigma_\varepsilon^2$的值。根据要处理的任务负载量及其当前的可用资源,判定边缘服务器es_m是与其他资源协同完成计算任务还是处于节能状态。基于时间序列自相关模型的工作负载滚动预测过程如下。

4.5.2.1 数据的采集与标准化处理

第i个边缘服务区域时间序列负载时序模型的建立需要离散的时间序列$\{x_t^i\}$,系统每隔一定的时间间隔(根据需要设定)来进行该时间间隔内工作负载的采集。为减少误差,保障计算精度,可对$\{x_t^i\}$标准化处理。

4.5.2.2 模型的参数估计

用最小二乘法估计出$\theta_1, \theta_2, \cdots, \theta_p$和$\sigma_\varepsilon^2$这$p$+1个参数,如式(4-13)和式(4-14)所示。

$$\varepsilon_t = x_t^i - \theta_1 x_{t-1}^i - \theta_2 x_{t-2}^i - \cdots - \theta_p x_{t-p}^i \tag{4-13}$$

$$\sigma_\varepsilon^2 = \frac{1}{P-p}\sum_{t=p+1}^{P}(x_t - \theta_i x_{t-i})^2 \tag{4-14}$$

一旦确定θ_i,就可以根据式(4-14),求出σ_ε^2,所以AR(p)时序模型的p个参数估计$\theta_1, \theta_2, \cdots, \theta_p$即可完成。

4.5.2.3 模型的阶次p的确定

根据Akaike信息检验准则的FPE(Final Prediction Error)、AIC(An Information Criterion)、BIC准则,在各自的准则函数取得最小值时的模型p为适用模型。

4.5.2.4 对下一个时间间隔工作负载的预测

系统选取p个时序数据,根据式(4-13)来预测负载x_t^i,由于在线采集的数据不断变化,p值也是不断变化,这样不断预测的数据实时变化就能保障其准确度,完成基于时间序列自相关模型的工作负载滚动预测。

4.5.3 能耗感知的资源分配算法

4.5.3.1 算法实现

本章设计了基于贪心的能耗感知资源分配算法(算法4-1),称为EAGA(Energy-Aware Greedy Algorithm),用于解决物联网在线作业的MKP问题。EAGA将节点的成本区别考虑在内,并在满足用户SLA请求的同时实现对任务的多层异构资源分配。

算法4-1通过把尽可能多的卸载请求放在一个服务器上来实现服务器能耗的最小化。从中可以看出,基于能耗感知贪心异构资源分配算法采用的是服务器整合技术，把分散的作业和负载集中到少量的高能效的计算节点上，从而达到减少计算节点数量、提高资源的利用率的目的。第1行将可行解集X初始化为零，将节点的已用资源和作业的初始执行时间设置为零，设置优先级空队列Q。第4~6行计算节点能效，度量比率pt_m^q，找到在每次迭代中为每个任务分配的节点的最小pt_m^q，然后按降序排序并加入优先级队列。第7~14行重复地将所有任务分配给已排序的节点并测试调度决策，并生成一个可行的解决方案，在第15~18行中描述如果边缘数据中心中没有可行的解决方案，则租用远程云资源进行资源提供。

4.5.3.2 EAGA的算法复杂度分析

4.3节把能耗感知的多层资源问题建模为0-1的多维背包问题(0~1MKP)，是典型的组合优化问题。n为作业的个数，n_{task_i}为每个作业i中任务的个数，m为边缘计算节点数量和租用的云节点的数量的最大值。可以看出第4~6行中计算的复杂度为$O(n'n_{task_i}(m+\log(m)))$，第7~14行需要的计算的时间复杂的为$O(\min(n'n_{task_i},m)(\log(m)\log(n_{task_i})))$。因此，用EAGA算法解决0-1 MKP具有二项式时间复杂度为$O(n'n_{task_i}'(m+\log(m)))$。

算法4-1：能耗感知的贪心算法EAGA

Input: J: the set of all jobs in a queue, S: the set of nodes, $D_{i\text{-}level}$: the i-th job's deadline, $t_{i,m}^{p,q}$: the runtime of the i-th job's the p-th task that is placed on nodes_m^q.

Output: X: the set of ask's placement

Begin

1: **initialize** X , Q

2: **count** n , $n_{task}$by J and **m** by S// **n**: the number of all jobs in a queue, m: the maximum value of the //number of the rented cloud node and the local edge nodes

3: **do**{

4: **for** *node* s_m^q *in* S **do**

5: $pt_m^q = \min(e_m^q/t_{i,m}^{p,q})$;

6: $Q.enqueue(s_m^q pt_m^q)$;

7: **repeat**

8: $k=Q.extractMin()$;

9: $\overline{c_m^q} = c_m^q - \varpi_i^p$;

10: if $((\overline{c_m^q} >= 0)$ && $(\max ET_{i\_level} \leqslant D_{i\_level}))$

11: $x_{i,m}^{p,q} = 1$;

12: $S = S - \{s_m^q\}$;

13: $J = J - \{j_i^p j\}$;

14: **until**(*S is null or J is null*)

15: **If**(*J is not null*)

16: *rent new cloud resource sa*;

17: $S += sa$;

18: } **while**(*J is null*)

End

4.6 在线的动态节点管理方法

除了能耗感知公平调度算法,本章对另一种节省能耗成本的方式,动态节点管理策略进行描述,该策略包括两个模块:节点开启和节点关闭。

4.6.1 节点开启

为了满足用户SLA和服务提供商低成本的需求,系统需要开启适当数量的成本效率高的节点来执行用户请求。系统中所需要开启的计算节点的数量取决于应用程序工作负载和用户低时延作业截止时间的需求。

4.6.1.1 基于在线测量技术进行数据采样

随着时间的变化,监视器模块使用在线测量技术对正在运行的系统参数进行实时采样。在协同边缘计算环境中,与系统资源和负载相关的参数指标有:①系统当前可用内存和CPU资源;②当前正在运行的作业个数;③每个作业的开始时间和结束时间等。这些信息能够实时动态地反映出整个协同云边集群的可用资源和工作负载情况。本章利用实时在线测量技术对数据采集,进行动态的分析处理,以此对系统负载进行预测,同时也可采用被动方式进行资源提供。

利用在线测量技术进行数据采集需要设定的时间参数有采集数据的时间间隔和滚动窗口间隔。

4.6.1.2 基于截止时间驱动的节点开启策略

针对“边缘-云”异构计算资源集群，可以根据单位资源执行时间（也就是资源的执行性能）、预测的系统负载及每个应用的截止时间约束来确定需要的节点资源数量。因此，由截止时间驱动的节点开启策略主要应用在两个模块：一方面，在预测模块可以预测出集群中满足SLA所需的资源数量，如果当前可用的资源小于预测的资源量，则需要开启/租用资源以满足需要。另一方面，在作业实时处理模块，当作业到来时，系统根据作业的负载及用户的截止时间要求，判断当前可用的资源量是否满足需求，如果不满足，则需要利用被动方式开启新的计算节点。

4.6.2 节点关闭

节点关闭存在最大的挑战是重新启动节点的高成本。比如，如果VM是本地创建的，创建虚拟机（VM）所需的启动时间是30秒到1分钟[91]，如果VM是从云平台获得的，启动时间将达到是10~15分钟。目前在移动设备中有节能状态，包括睡眠状态。但是，这些技术并未在服务器端广泛采用。即使随着技术的进步硬件的启动时间会减少，由于软件更新，仍可能存在由于软件初始化而导致节点启动时延较长的情况。因此，任意关闭太多节点可能导致截止期限内服务的中断，而关闭太少可能会导致额外节点处于空闲状态而浪费成本。

因此，为了节约成本并保障整个系统平滑的运行，本章采用能耗感知调度算法将作业调度到成本效率高的节点上。同时，采用延迟关闭方法以避免在新作业进入时关闭节点的错误。也就是说，当服务器进入空闲状态时并不立即关闭，而是添加一个计时器，用于计算节点保持持续空闲状态的时间。如果作业在持续时间内到达节点，则服务器返回忙碌状态，此时计数器归零；否则，节点关闭。

算法4-2详细描述了本章提出的关闭节点过程。第1行对系统进行初始化，包括将节点启动初始化为当前系统时间，初始化延迟持续时间常量*IdleDuration*为指定的阈值，将节点延迟的延迟时间和节点任务运行周期*Tasksperiod*设置为零，同时初始化关闭节点列表*delNodeList*为空。当调度的节点保持激活状态时，第2~23行运行关闭节点功能。在第3~5行中，将原始信息（如节点使用的资源、延迟计数器）设置为零并计算节点任务的运行持续时间。第6~22行判断节点是否在指定的持续时间内保持空闲状态,并且工作节点的数量对于阈值保持活动状态。一旦满足这些有限的条件,节点就会关闭。因此,算法4-2的时间复杂度为O(n)。

算法4-2:节点关闭策略

```
Begin
1: initialize start,delay,used,Taskperiod, IdleDuration, delNodeList;
2: if (getFsschedulerNode.isNoRemoved)
3:   used←getFsschedulerNode.getUsedResource;
4:   delay←0;
5:   TaskDelay←getcurrentTime-start;
6:   if( used =0)
7:     while (TaskDelay mod 1000=0)
8:        used←getFsschedulerNode.getUsedResource
9:        if( used =0)
10:           delay←delay+1
11:           if (delaytime≥IdleDuration)
12:              if (delNodeList.size<ClusterNodes-KeepOnNodes)
13:               getFsschedulerNode .turnoff;
14:               delNodeList =delNodeList ∪getFsschedulerNode
15:               delay ← 0
16:              endif
17:           endif
18:        else
19:           delay← 0;
20:        endif
21:     end while
22:   endif
23: endif
End
```

4.7 能耗感知的多层资源分配算例

本节给出利用EAGA调度算法对DAG应用云边环境下资源分配的一个实例。考虑一个DAG应用的组成如图4-4所示。该应用具有4个子任务$T_{1,a}$,$T_{1,b}$,$T_{2,a}$,$T_{2,b}$,其中Start和End分别为任务的入口点和结束点,部署到用户终端。

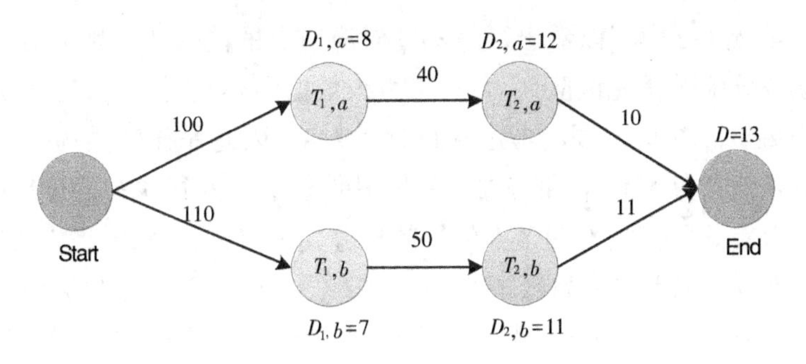

图4-4 DAG应用实例

协同云边计算环境包含2个边缘数据中心和无限的远程云资源,其中边缘数据中心1拥有3个服务器$\{s_{1,1},s_{1,2},s_{1,3}\}$,边缘数据中心2拥有2个服务器$\{s_{2,1},s_{2,2}\}$。其中用户提交的作业的本地边缘数据中心为边缘数据中心1,用户提交到本地边缘数据中心的端到端的单位延迟$Delay_0$为1,边缘数据中心之间的端到端的单位延迟$Delay_1$=2;边缘和远程数据中心之间的端到端的单位延迟$Delay_2$为5。各个子任务在对应资源的执行时间和能耗如表4-2和表4-3所示。

表4-2 任务调度到各个边缘资源对应的执行时间

	$s_{1,1}$	$s_{1,2}$	$s_{1,3}$	$s_{2,1}$	$s_{2,2}$
$T_{1,a}$	8	4	5	4	6
$T_{1,b}$	3	2	1	2	2
$T_{2,a}$	2	2	1	1	2
$T_{2,b}$	2	1	1	1	1

表4-3 任务调度到各个边缘资源对应的能耗

	$s_{1,1}$	$s_{1,2}$	$s_{1,3}$	$s_{2,1}$	$s_{2,2}$
$T_{1,a}$	8	12	12	8	12
$T_{1,b}$	3	4	3	6	4

续表

	$s_{1,1}$	$s_{1,2}$	$s_{1,3}$	$s_{2,1}$	$s_{2,2}$
$T_{2,a}$	5	8	8	4	4
$T_{2,b}$	2	2	3	3	3

4.7.1 能耗感知的贪心算法资源分配(EAGA)

从表4-2,4-3中可以看出,任务$T_{1,a}$对应节点的能效比分别为{1,3,2.4,2,2},$T_{1,a}$任务分配的优先级队列为:对于边缘数据中心1:{$s_{1,1}$,$s_{1,3}$,$s_{1,2}$},对于边缘数据中心2:{$s_{2,1}$, $s_{2,2}$}。同时考虑截止时间为8。因此任务$T_{1,a}$的资源分配方案为$x_{1,1}^{a,1}$,即该任务分配到$s_{1,1}$服务器;另外,其他任务在并行执行的过程中不能再分配到该节点,任务$T_{1,b}$对应节点的能效比分别为{1,2,3,3,2},$T_{1,b}$任务分配的优先级队列为:对于边缘数据中心1:{$s_{1,1}$,$s_{1,3}$,$s_{1,2}$},对于边缘数据中心2:{$s_{2,2}$,$s_{2,1}$}。因此,任务$T_{1,b}$的资源分配方案为$x_{1,1}^{b,2}$。同样的方案,$T_{2,a}$的分配方案为$x_{2,1}^{a,1}$,同时考虑到第二阶段时间截止期限的问题,应用的截止时延为D=13,$D_{2\text{-level}}$=13-$D_{1\text{-level}}$=5,$T_{1,a}$,$T_{2,a}$,$T_{2,b}$在$s_{1,1}$的时间为2+2=4,$T_{2,b}$分配方案为$x_{2,1}^{b,1}$仍然满足截止期限的要求。因此,该调度方案的策略是把任务$T_{1,a}$,$T_{2,a}$,$T_{2,b}$分配到边缘数据中心1的计算节点$s_{1,1}$,$T_{2,b}$分配到$s_{1,2}$。因此在满足应用时延的要求下,该应用执行的过程中消耗的能耗为21,执行时间为12。

4.7.2 节点开启/关闭

与此同时,开启/关闭进程一直在监听各个节点的运行状态,边缘服务器$s_{1,3}$,$s_{2,1}$,$s_{2,2}$在该应用执行过程中,一直处于空闲状态,如果在空闲间隔阈值范围内(本章设置时延间隔为100s)没有任务到来,在满足系统基本负载的情况下(系统预先设置一定的资源在工作状态),将通过电源管理器把节点关闭。

4.8 性能评估

本实验采用具有快速部署特性的轻量级容器(Container)技术,实现边缘计算集群的秒级创建和动态资源扩展。采用Kubernetes容器编排工具管理[113]"边缘和云"资源联合的异构容器集群,利用EAGA调度器负责为用户提交的应用镜像提供合适的资源，本实验在保障有足够的资源满足用户需求的同时，进行能耗感知的最佳资源配置。本节介绍实验环境、数据集及性能测试指标，然后对提出的能耗感知多层资源分配方法的性能验证并和对比算法进行比较分析。

4.8.1 实验环境

本节实验搭建两个边缘MDC作为实地边缘计算测试场景。每个边缘MDC均部署边缘计算管理控制平台如图4-5所示，提供本地边缘计算管理服务。每个边缘节点的kubelet利用心跳机制把每个边缘节点的可用资源信息反馈给本地资源管理平台。每个边缘MDC通过代理协议授权获取其他边缘MDC的资源使用权。授权用户把资源需求描述文件(yaml格式)和docker应用镜像文件提交给边缘MDC的Master节点。在Master节点提取应用的资源需求，通过调度器对资源和容器进行最佳匹配，然后把含有应用镜像文件的容器分发到相应的计算节点开始执行。利用Kubernetes容器管理平台来实现轻量级的资源管理。其中，Pod是容器上的一层封装，包含运行在同一主机的一个或多个容器。为了简单起见，考虑一个Pod封装一个容器的情况。

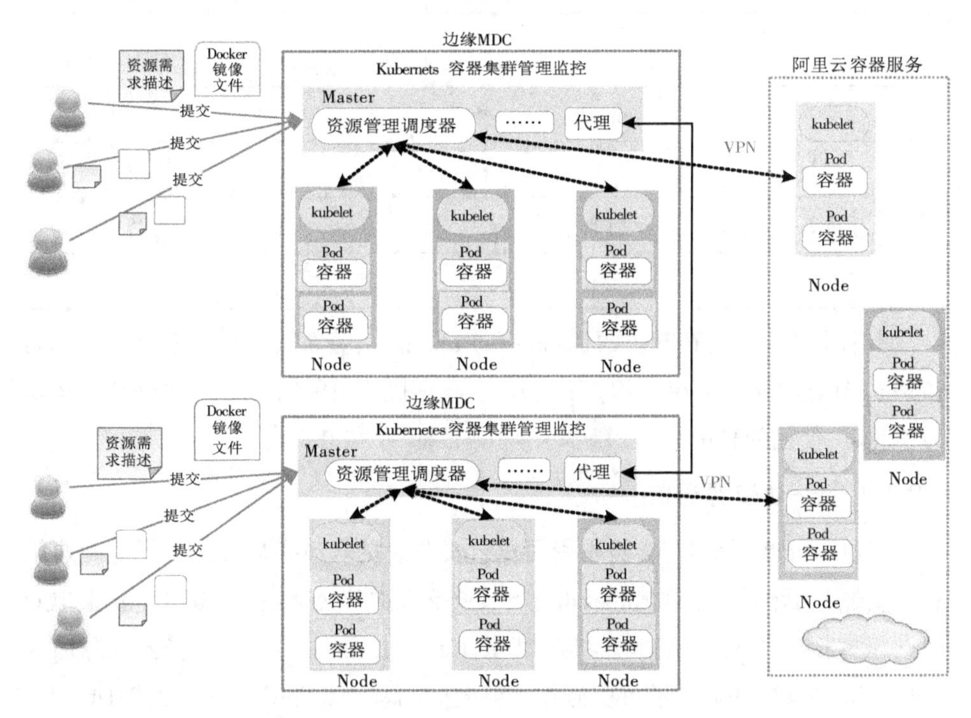

图4-5 基于轻量级的容器虚拟化技术的协同边缘和云计算平台

4.8.1.1 硬件和软件环境

“边缘-云”多层异构资源硬件构成:①协同边缘MDC,每个边缘MDC包含若干个异构计算节点;②远程云端:当边缘计算资源不足时,租用阿里云并接入边缘计算集群。具体配置如表4-4所示。各个数据中心之间的端到端传输时延如表4-5所示。

表4-4 协同边缘计算集群物理资源配置

计算集群	主机名	CPU核数/个	内存	磁盘
mdc1	Master	12	64 GB	8 TB
	Node1	48	220 GB	8 TB
	…	…	…	…
	Node11	48	220 GB	8 TB
mdc2	Master	8	16 GB	2 TB
	Node1	4	4 GB	2 TB
	…	…	…	…
	Node11	4	4 GB	2 TB

表4-5 数据中心之间的端到端传输时延 单位:ms

	mdc1	mdc2	Cloud
mdc1	0	1.8	23
mdc2	1.8	0	25
Cloud	23	25	0

本书中的实验是在开源的Docker和Kubernetes分布式平台上进行的,Master和Node节点的操作系统采用Centos7。Java环境为JDK 1.8.0_91,代码开发环境为Eclipse,使用的Kubernetes版本为Kubernetes-1.12.0。

4.8.1.2 云-边资源通信

当边缘资源不足时,实验租用阿里云资源并接入边缘MDC。为了实现边缘MDC与阿里云通信,使用KubeEdge[130]支持云端的节点和边缘MDC建立虚拟专用网络虚拟专用网络(VPN)隧道,以便使云-边无缝通信,使公有云资源加入Kubernetes集群,并对其进行资源管理调度。则基于KubeEdge的边缘MDC和公有云之间的网络通信如图4-6所示。

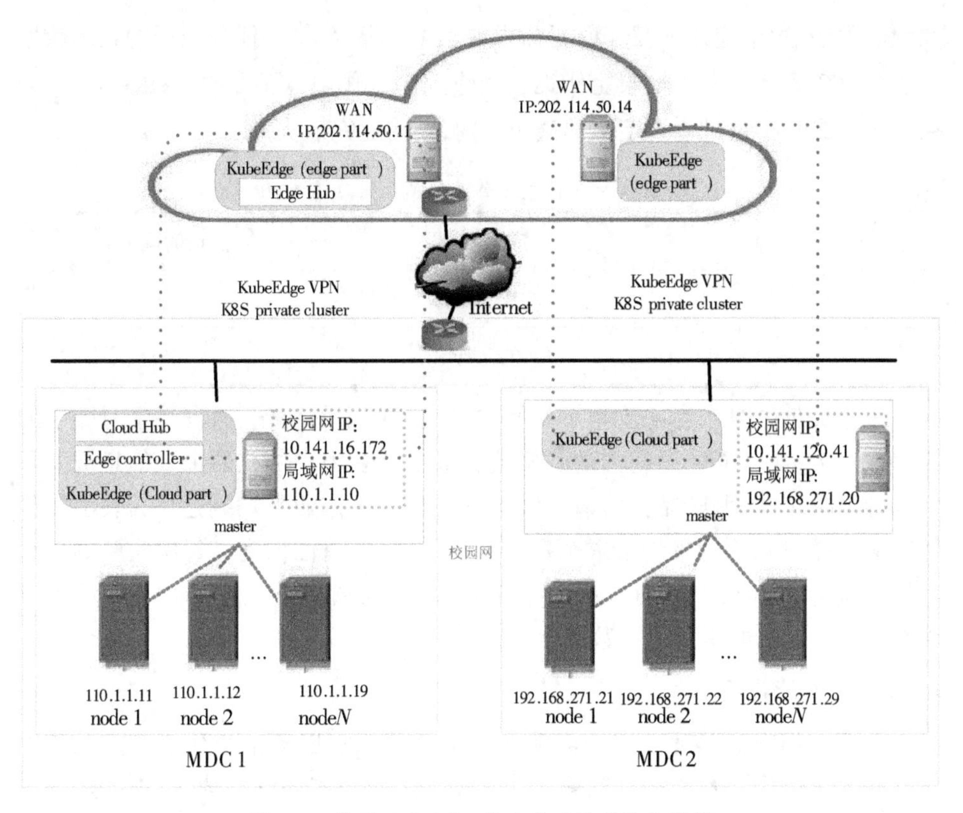

图4-6 基于KubeEdge的云边无缝通信配置图

4.8.2 数据集及性能测试指标

参考Amazon弹性容器服务,一个基于容器的边缘MDC可以包含多个不同的容器实例类型,但是每个容器实例一次只能属于一个集群。每个作业可以分为多个任务,每个任务必须至少有一个主要容器来执行,每个任务对系统计算资源有特别的需求,在任务提交时提交给资源管理器。与传统资源需求不同,本章考虑的资源需求包括CPU、内存资源、硬盘资源和网络带宽资源。通常应用程序被分在一个或多个容器中执行。根据历史数据信息,可获取每个容器上任务执行类型及执行时间,从而可以分析出该资源的性能和能耗比,以作为EAGA调度器执行调度的判断依据。为简单起见,本实验假设同种类型应用服务采用容器实例类型相同。每个节点的资源容量可以用提供多少容器个数来表示。

4.8.2.1 基准测试程序和数据集大小

本实验参考文献[119],选择两种类型的应用:虚拟现实和在线视频作为基准测试程序,每个应用的截止时延需求如表4-6所示,每个任务预期的处理数据大小为100字节。本实验假定所提交的作业的工作负载都是时延敏感的,即如果作业完成时间超过用户定义的截止时间,则作业完成失败。

表4-6　不同类型作业的截止时延需求

应用ID	应用类型	截止时间/ms
App1	虚拟现实	20
App2	在线视频	50

参考文献[131],考虑到整个时间内系统占用率的变化,假设每个时隙中的用户数量为[200,600]区间内的随机值。根据每个用户所在的位置信息被关联到本地MDC中。用户提交的请求服从泊松分布。作业平均到达率λ表示每秒钟间隔内随机到达的平均请求个数,决定了系统的繁忙程度。每次实验的持续时间设置为2小时,在相同参数设置情况下每组实验重复执行25次后求平均值以获得较为准确的实验统计数据。

4.8.2.2　性能指标

在满足用户低延迟需求的前提下,EAGA算法以能耗最小化方式为服务提供商解决云边协同资源分配问题。为了验证提出的能耗感知的"边缘-云"分布式多层资源动态分配策略,本章选取了三个性能指标进行测量[124]:一是作业违规个数$N_{t>deadline}$,在实验周期内,超过用户截止日期的平均请求个数;二是每个作业的完成时间T_{exe};三是整个协同边缘和云系统总能耗E_{total}。

特别地,为了让CPU空闲时节约能源,CPU可以进入低功耗模式进行深度节能(服务器支持C-模式)。实验采用简单网络管理协议SNMP通过配电单元(PDU)远程打开和关闭应用服务器,通过读取PDU的功率值来监控各个服务器的功耗。服务器的空闲功耗约为140W(启用C状态技术支持),忙时平均功耗约为260W,服务器启动时的功耗约为280W。

4.8.3　实验结果分析

为了研究提出的能耗感知"边缘-云"多层资源动态分配方法的性能,进行了大量的实验,并将提出的EAGA策略与AlwaysOn[132]、OPT、AutoScale[124]策略的性能进行了对比分析。

AlwaysOn策略是当前大多数行业部署服务器时采用的策略,该策略选择固定数量的服务器来处理峰值请求率并始终保持这些服务器在运行状态。OPT策略是作为衡量EAGA有效性的标准而定义的最优策略。只要请求率发生变化,OPT就会立即添加或删除所需资源,无须等待时间。AutoScale动态容量管理策略根据需要扩展数据中心容量,动态添加或减少服务器提供数量,可大大减少由不可预测的时变负载驱动的数据中心所需的服务器数量,同时满足作业完成时间。

本章实验由两部分组成,即参数灵敏度分析实验和算法对比分析实验。其中第二部分由三组对比实验组成:不同服务区域的繁忙程度对系统性能的影响、不同截止时间约束对系统性能的影响和不同的边缘计算节点对系统性能的影响。

4.8.3.1 参数灵敏度分析

在能耗感知的公平调度框架ESF中,一些参数对实验结果影响很大,需要通过“灵敏度分析”实验来进行识别。为了详细分析ESF的性能,本节主要考虑三个关键参数:采样时间间隔[133]、空闲节点延迟阈值[134]和服务器启动时延[135]。启动时间间隔是从运行时环境完成启动到成功建立网络连接所花费的时间。

本实验分别设置服务器启动时延为{30s,60s,120s}。当节点启动时间30s时,选取的采样时间间隔在集合{5s,10s,20s}中变化,同时空闲节点的延迟阈值分别为{60s,100s,120s},能耗感知的公平调度框架ESF下,三个度量指标为$N_{t>deadline}$(个),T_{exe}(ms)和E_{total}(kJ)。

表4-7 启动时间为30s时三个性能指标的值

空闲节点延迟	采样间隔(5s)				采样间隔(10s)				采样间隔(20s)			
	$N_{t>deadline}$	E_{total}	$T_{1,exe}$	$T_{2,exe}$	$N_{t>deadline}$	E_{total}	$T_{1,exe}$	$T_{2,exe}$	$N_{t>deadline}$	E_{total}	$T_{1,exe}$	$T_{2,exe}$
60s	9.1	27 135.3	15.4	45.3	12.43	270 36.6	15.6	45.7	9.9	26 484.1	15.9	46.1
100s	8.1	28 381.3	15.1	42.1	6.1	283 84.2	11.5	42.8	9.2	28 346.4	12.4	43.2
120s	10.9	29 020.4	15.2	42.2	7.7	288 44.5	11.2	42.6	5.4	29 103.6	10.3	40.3

表4-8 启动时间为60s时三个性能指标的值

空闲节点延迟	采样间隔(5s)				采样间隔(10s)				采样间隔(20s)			
	$N_{t>deadline}$	$E_{totalave}$	$T_{1,exe}$	$T_{2,exe}$	$N_{t>deadline}$	$E_{totalave}$	$T_{1,exe}$	$T_{2,exe}$	$N_{t>deadline}$	$E_{totalave}$	$T_{1,exe}$	$T_{2,exe}$
60s	25.3	28 041.2	17.4	46.3	34.2	27 669.4	18.6	46.7	34.2	27 619.4	18.9	47.2
100s	17.5	28 718.1	16.1	45.1	21.2	28 516.2	16.5	45.8	12.6	28 654.4	15.4	44.2
120s	12.9	28 962.3	15.9	43.2	12.8	28 973	14.2	42.9	13.8	29 134.7	14.6	43.1

表4-9　启动时间为120s时三个性能指标的值

空闲节点延迟	采样间隔(5s)				采样间隔(10s)				采样间隔(20s)			
	$N_{t>deadline}$	E_{total}	$T_{1,exe}$	$T_{2,exe}$	$N_{t>deadline}$	$E_{totalave}$	$T_{1,exe}$	$T_{2,exe}$	$N_{t>deadline}$	E_{total}	$T_{1,exe}$	$T_{2,exe}$
60s	61.2	30 118.6	18.9	48.3	51.3	30 545.8	18.7	48.1	56.6	30 063.8	19.9	48.8
100s	36	29 445.6	17.1	47.5	31.9	29 527.4	16.8	45.9	31.1	29 634.4	17.4	46.2
120s	21.9	29554	16.9	46.2	19.1	29 525.8	16.5	45.6	26.6	29 596	17.3	46.1

从表4-7,表4-8和表4-9可以看出,空闲节点的延迟间隔越长,系统能耗越大。当启动时间设置为(30s)时,空闲节点延迟间隔对系统的能耗影响较大。采样间隔对违规作业的数量的影响较大,但对能耗影响相对较小。从表4-7可以看出,当采样间隔为5s,空闲节点的延迟间隔从60s分别变化到100s、120s时,“云-边缘”资源中能耗对应的值为27 135.3kJ,28 381.3kJ增加到29 020.4kJ,并且两个类型的作业执行时间先减少最终保持稳定。然而,违规作业个数的变化趋势($N_{t>deadline}$)与E_{total}和T_{exe}变化不同,当节点空闲持续时间为100s时,违规个数是所有结果中最低的。$N_{t>deadline}$,E_{total}和T_{exe}明显受到不同采样间隔,空闲节点延迟间隔的影响。此外,表4-8和表4-9显示,当节点启动时间为60s和120s时,违规次数都比启动时间为30s时有所增加。

因此可以得出结论,随着边缘服务器节点启动时间变长,在协同边缘和云计算系统中,作业违规个数、系统总能耗及作业完成时间都会增加。作为参数灵敏度评估的结果,参数最佳设置为:节点启动时间为30s,空闲持续时间延迟间隔为100s,采样间隔为10s。

4.8.3.2　算法对比分析

(1)不同作业负载的影响:在现实世界中,在不同的时间段内,用户提交作业的请求不同。因此,系统的作业到达率λ是不一样的。当作业达到率高的时候,系统处于繁忙状态;当作业到达率低的时候,系统相对空闲。为了评估不同作业负载下各个策略的性能,我们分别设置λ=1.1,1.7,2.2请求/秒。

从图4-7可以看出,当作业平均到达率λ=1.1时,2小时内每个边缘数据中心提交的平均作业总数量低于8 000个。对于所有四种比较算法违反用户定义的截止时间的作业个数少于4个。EAGA策略下平均作业违规个数为1.7个,明显优于AutoScale的2.5个,接近AlwaysOn策略的1.2个。图4-8显示了四种策略情况下的系统的能量消耗对比情况,EAGA比AlwaysOn节能14%。作业的平均完成时间评估中,如图4-9和图4-10所示,在所有策略中AlwaysOn运行时间最短。AutoScale则最差，EAGA策略优于AutoScale。

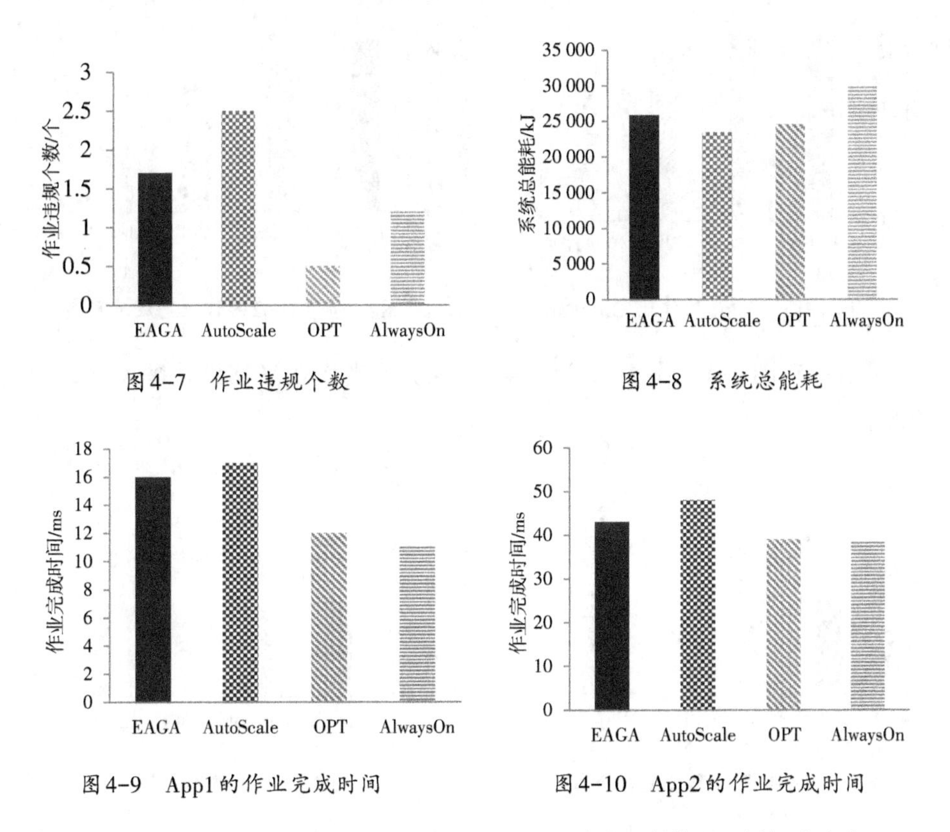

图4-7 作业违规个数

图4-8 系统总能耗

图4-9 App1的作业完成时间

图4-10 App2的作业完成时间

从图4-11、图4-12、图4-13和图4-14可以看出，当作业平均到达率λ=1.7时，EAGA策略下作业违规个数明显低于AutoScale，两个类型的作业完成时间$T_{1,exe}$和$T_{2,exe}$也低于AutoScale。在对系统总能源消耗的评估中EAGA策略接近AutoScale，比AlwaysOn节能6%。

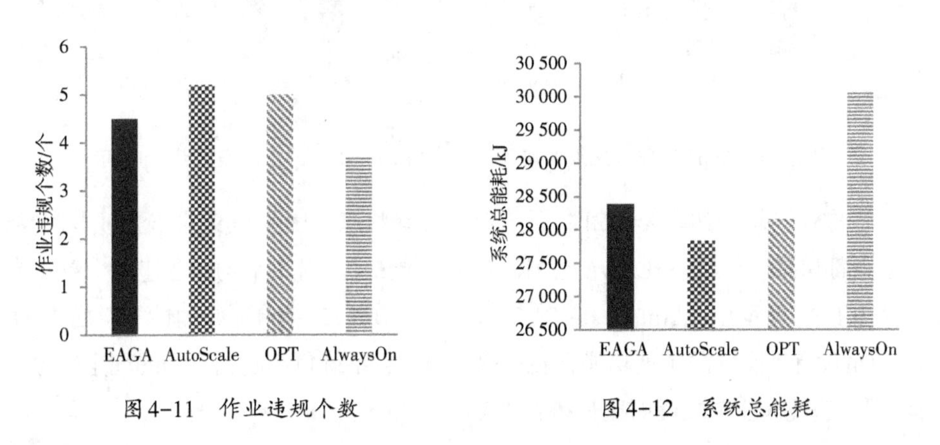

图4-11 作业违规个数

图4-12 系统总能耗

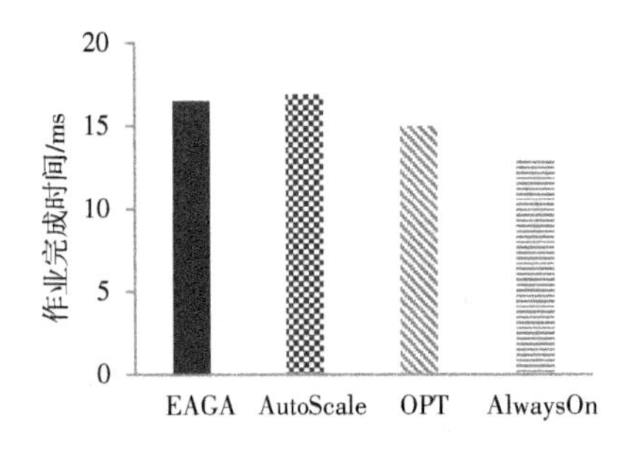

图4-13　App1的作业完成时间

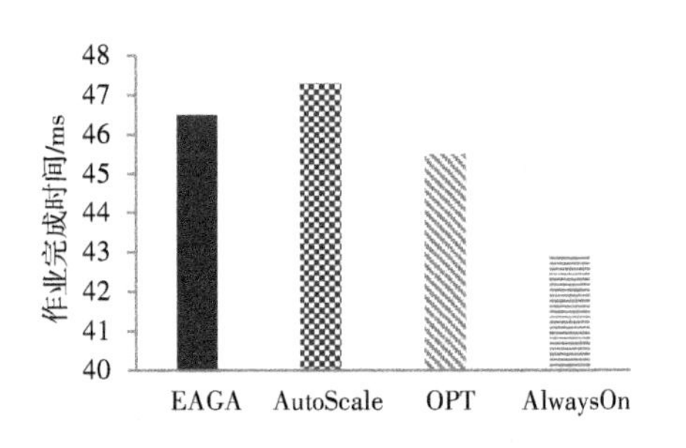

图4-14　App2的作业完成时间

图4-15、图4-16、图4-17和图4-18显示了当作业平均到达率λ=2.2时的情况。

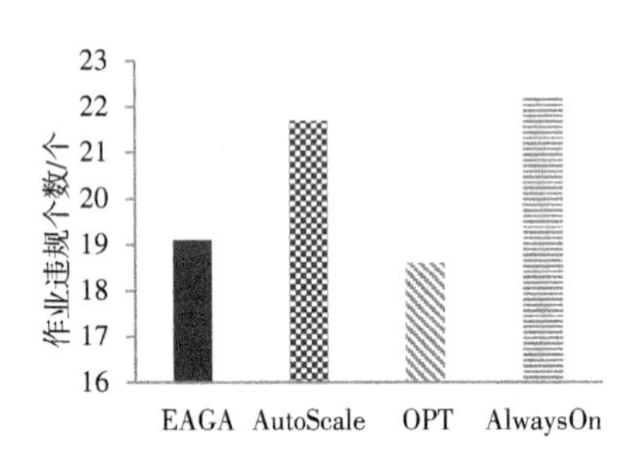

图4-15　作业违规个数

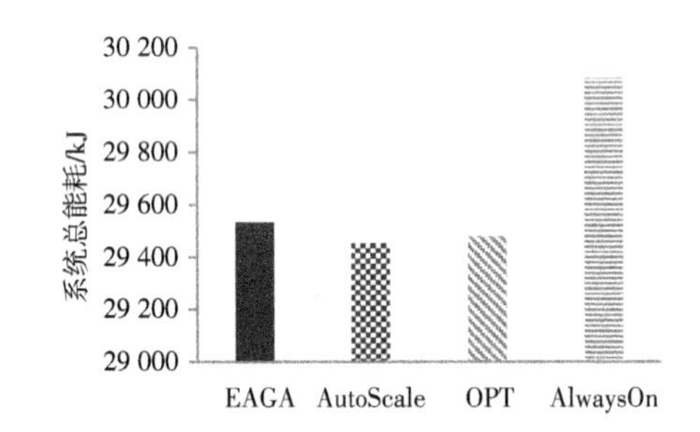

图4-16　系统总能耗

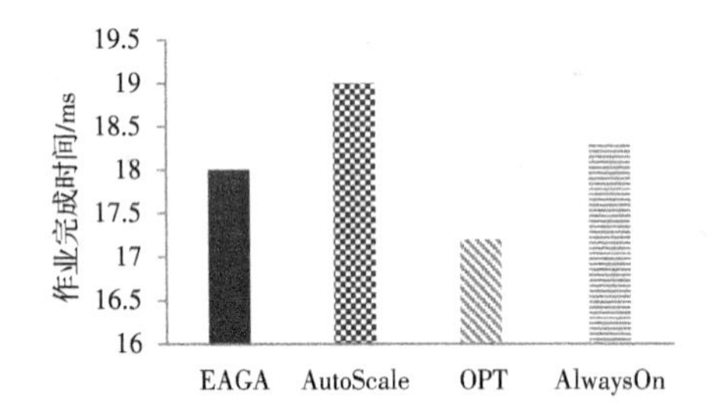

图4-17　App1的作业完成时间

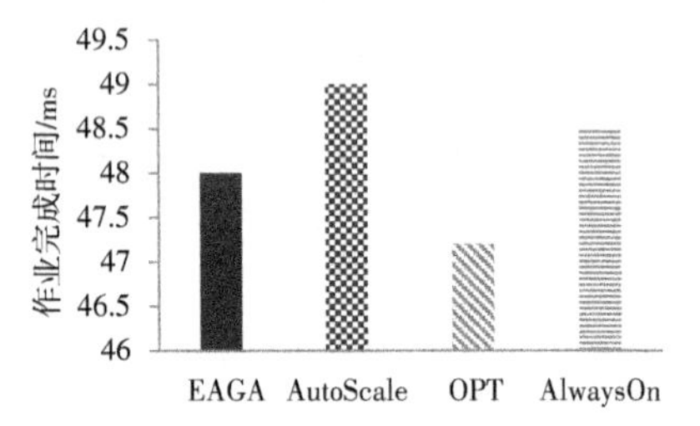

图4-18　App2的平均执行时间

当作业平均到达率λ=2.2时，系统保持忙碌状态。因为提交的作业过多，大部分节点都保持工作状态，EAGA比AlwaysOn节能2%。对于平均作业违规个数，EAGA（19.1个）显示出比AutoScale（21.7）和AlwaysOn（22.2个）更好的性能。由于AlwaysOn没有动态资源扩展功能，当系统繁忙时候，系统负载超出可用的固定资源负荷，因此违规作业个数反而比EAGA和AutoScale多。

在不同的繁忙度参数λ(1.1,1.7和2.2)的作用下,图4-19、图4-20、图4-21和图4-22显示了在四种策略的三个系统性能测试指标的对比情况。可以看出,在EAGA作用下,系统表现出较优的性能。当λ设置为1.7和2.2时,EAGA下平均作业违规个数少于AutoScale,且当λ设置为2.2,EAGA的平均作业违规个数少于AlwaysOn。同时,当λ变大时,图4-19显示所有策略下的平均作业违规个数均呈现出上升趋势,但在EAGA作用其增长率低于AlwaysOn和AutoScale。当λ值分别为1.1,1.7和2.2时,EAGA平均能耗低于AlwaysOn,稍微高于AutoScale接近于OPT。随着系统越来越繁忙,从图4-20、图4-21和图4-22可以看出EAGA下作业平均完成时间接近OPT。综合三个指标,EAGA比AutoScale显示出其更大的优势。

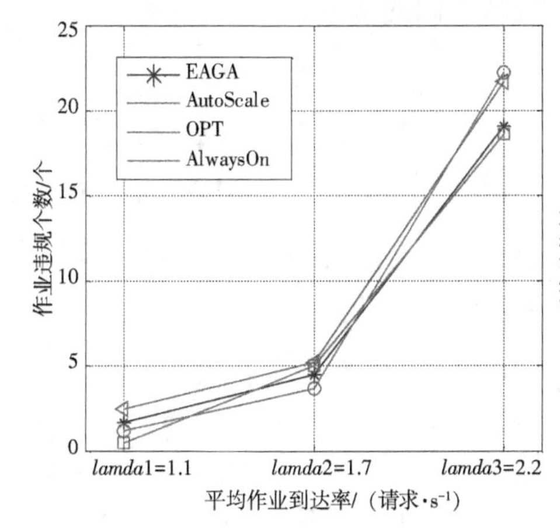

图4-19 作业违规个数

图4-20 系统总能耗

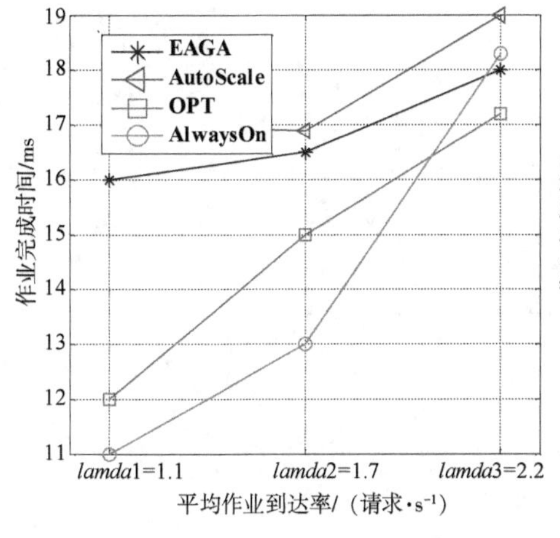

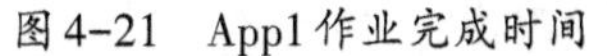
图4-21 App1作业完成时间

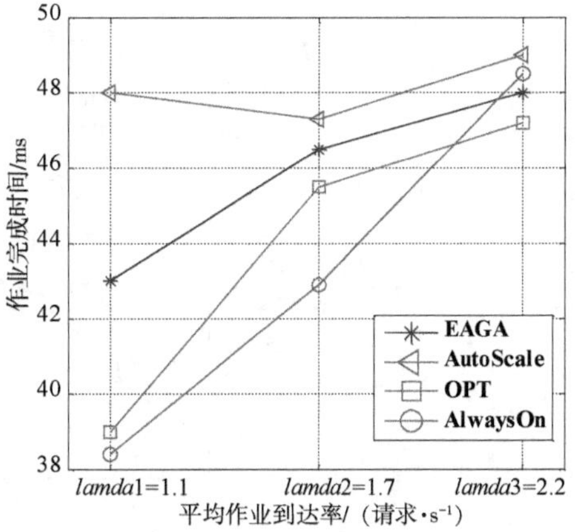

图4-22 App2作业完成时间

(2)不同截止时间约束对系统性能的影响:本组实验分析不同完成时间约束的影响。将应用App1的响应截止时间从10ms增加到60ms,x轴为完成时间约束。对于EAGA,当截止时间增加时,它表现出与其他三种策略类似的性能。这是因为当放宽截止时间约束时,资源的并行度有所下降,调度器可以把应用分配到能耗比最优的边缘或云服务器执行任务,这样有更多的服务器可以处于节能状态。图4-23显示了作业违反个数随着截止时间约束的提升而减少,四个解决策略作业违反个数都较少。在图4-24中,四种策略下能耗随着应用截止时间的增加而减少。如图4-25所示,可以看出用户的作业完成时间对于所有四种策略都呈上升趋势,因为增加完成时间约束为任务调度提供了额外的灵活性以满足具有更长距离公有云计算资源的更多工作负载,这导致所获得的完成时间的增加。

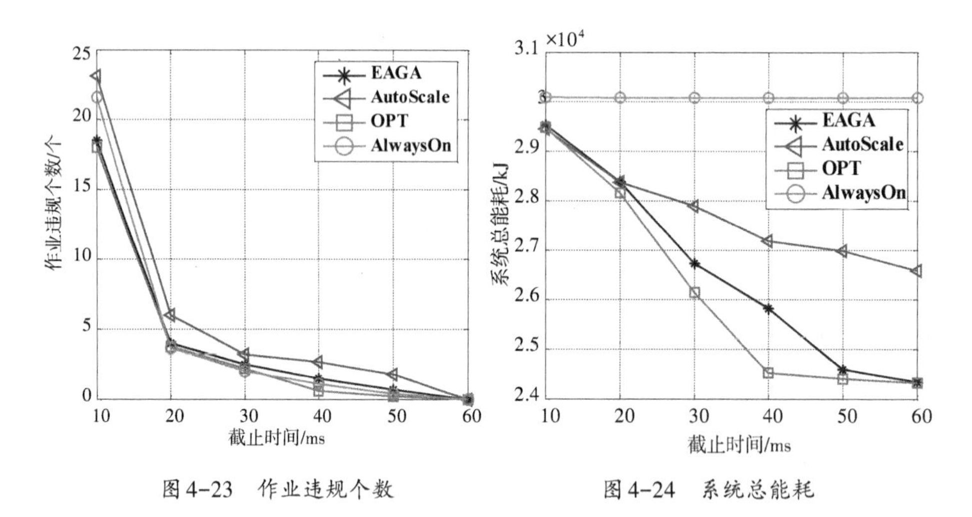

图4-23 作业违规个数

图4-24 系统总能耗

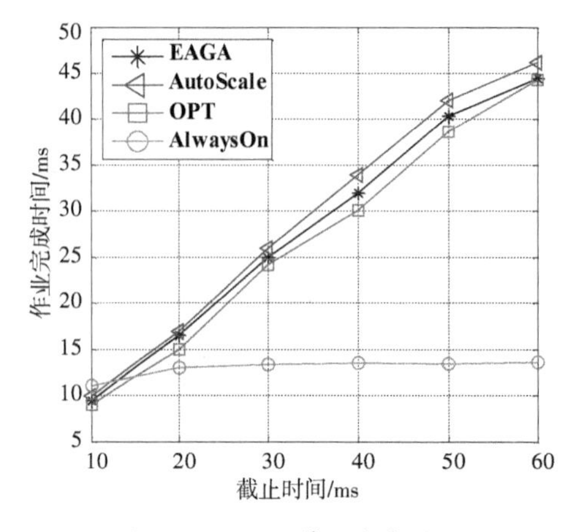

图4-25 App1作业完成时间

从实验结果可以看出，当截至时间约束放宽时，EAGA的表现明显优于AutoScale和AlwaysOn策略。究其原因是，EAGA算法充分考虑异构“边缘-云”多层资源的特性，把任务分配到能效高的节点执行，同时其他节点可以有更多的机会保持在节能状态，所以，在截至时间满足的条件下能耗显著降低，应用的违反数量减少，而用户的执行时间随着截至时间约束的放松而增加。

(3)不同的边缘计算节点资源规模的影响：在本组实验中，通过在每个边缘MDC中设置不同数量的服务器来比较四种策略的性能。每个MDC的服务器数量从2增加到12。如图4-26所示，x轴是每个MDC的服务器数量，y轴分别是作业的违规数量、系统的能耗和作业的平均作业完成时间。随着边缘MDC中服务器数量的增加，边缘服务器之间资源共享的能力增强，在图4-26中，可以观察到作业违背数量随着边缘MDC的服务器数量的增加而减少。当边缘资源量为12时，作业违背数量降到最低。图4-27显示EAGA的能源消耗与AutoScale相比，即使服务器数量较少，EAGA节能效果较好，当服务器资源越来越多的时候，系统负载较轻，EAGA的节能效果优于AutoScale，接近于OPT策略。

对作业完成时间的评估如图4-28和图4-29所示。在负载较重的时候，作业的执行时间优于AutoScale。在资源充足的时候，本策略在以截止时间为驱动的前提下进行节能调度，对资源进行高能效分配，虽然在节点数量大于或等于8时作业完成时间比AlwaysOn和AutoScale要高，接近于OPT，但是作业违规数量较少。从上述实验中可以看出，EAGA在能耗、作业违背数量上两个方面的表现明显优于AutoScale，接近于OPT，实现了在满足用户低延迟需求的前提下能耗最小化的目标。

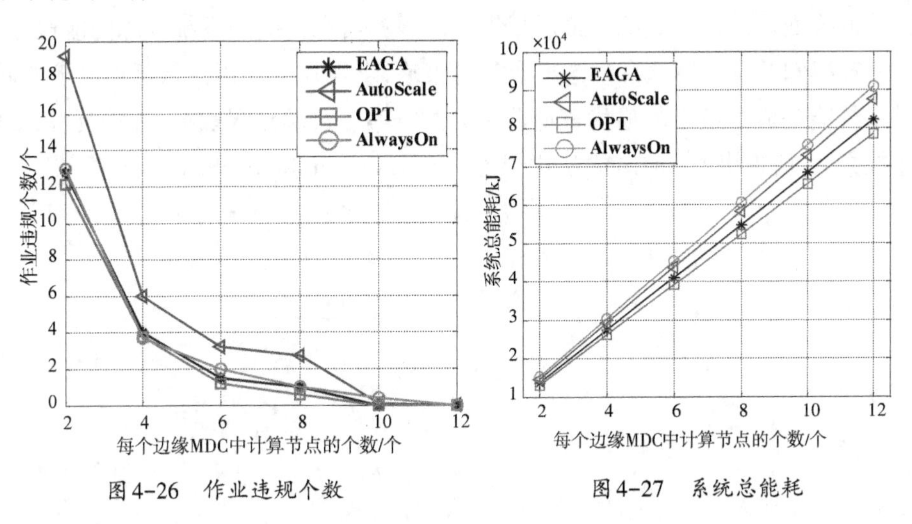

图4-26 作业违规个数

图4-27 系统总能耗

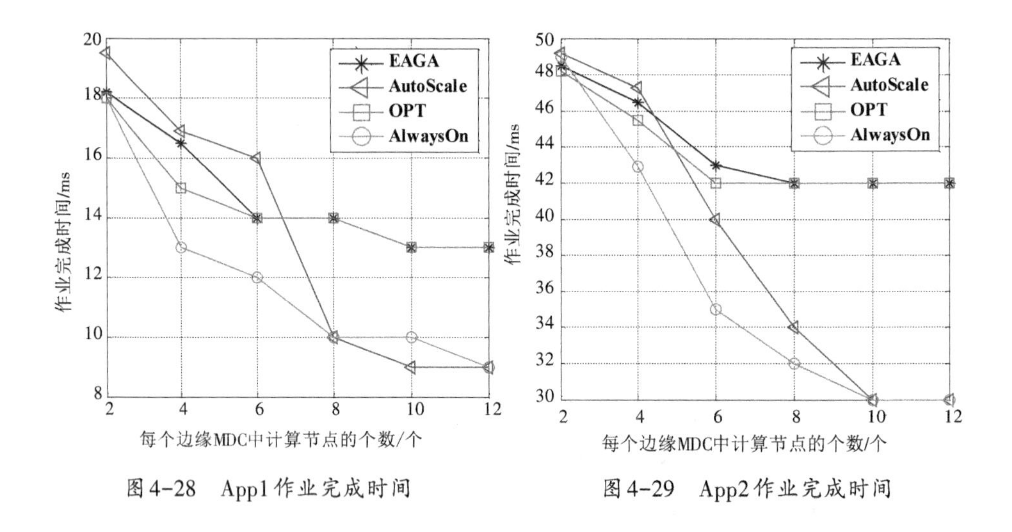

图 4-28　App1 作业完成时间

图 4-29　App2 作业完成时间

4.9　本章小结

本章研究了共享多租户“边缘-云”多层异构集群环境中基于截止时间驱动的节能动态资源提供和调度问题，提出了能耗感知调度框架 ESF，其包括两部分：节点开启/关闭管理器和基于能耗感知的多层资源动态分配方法。本章提出的能耗感知的多层资源分配方法首先利用加权维诺图对边缘 MDC 进行服务区域划分。然后根据所采集的时间序列任务负载，基于 AR(p)模型滚动预测边缘服务器要处理的工作负载。最后根据边缘服务器和云端的系统资源的能耗，通过能耗感知的贪心算法和动态节点管理策略，求得在满足用户低延迟需求的同时系统能耗成本最小的最优资源公平分配方案。实验结果表明，在能耗和 SLA 违规方面，所提出的 EAGA 方法优于传统的 AlwaysOn 和 AutoScale 对比算法。

第5章

边缘计算中分布式协同缓存放置算法

5.1 引言

随着多媒体和通信网络技术的日新月异，以4k（分辨率2160P），8k（分辨率4320P），AR/VR等业务为代表的极致清晰、极致鲜艳、极致流畅的超高清视频和图像成为人们普遍的需求[4]。当用户请求热门视频数据较多的时候，会给通信链路带来巨大的压力；同时由于从用户接入的基站到云数据中心需要长距离的网络传输，可能会出现较长的网络延迟，致使用户满意度降低。为了解决上述问题，一般地，网络服务提供商会就近提供网内缓存业务。在边缘计算环境下，边缘服务提供商在边缘微数据中心对用户请求的数据提供缓存服务。边缘计算缓存技术[136]将云数据中心中用户频繁访问的流行数据缓存到边缘微数据中心，用户只需在本地的边缘微数据中心就能获取需要的内容，从而极大地缓解通信链路的传输压力，成为未来网络中提升超高清视频、虚拟现实/增强现实等超低延时应用服务的用户体验的关键技术之一。这样，用户请求在本地就可直接响应，不用从远程云数据中心（数据源）获取，提高了数据传输效率，降低了传输时延，从而提升了服务质量。

在网络边缘部署的微数据中心具有相对较大的存储和计算资源，为用户在一跳范围内提供了云计算和存储能力，为智能化分布式缓存服务的实现提供了支持。特别地，在一定区域内，可以利用多个边缘微数据中心进行资源共享，实现边缘计算环境下的协作缓存。与其他网络资源相比，边缘计算环境中具有很多新特性，比如：具有较大的计算和存储资源、上下文感知（如用户的位置信息、内容流行度及网络状况等)、超低延迟应用处理需求,多个边缘微数据中心协作等。此外,对于源文件体量较大的情况,边缘计算缓存系统常常需要以数据块为单元的细粒度存储。另外,内容传播也出现新的特性:个性化是趋势、内容的流行度出现小概率事件和聚合特性等。利用边缘微数据中心的计算和存储资源,可以统计和分析用户(用户设备)及接入网的上下文信息,实现基于上下文感知的智能缓存。由于边缘计算环境的特性,传统的缓存策略不能直接移植过来使用。另外,层次式的多级缓存系统容易产生单点故障。边缘计算环境下扁平式协同边缘缓存系统具有分布式结构的优点,有良好的伸缩性和稳定性,可用性强。因此,在分布式协同边缘计算环境下,如何根据用户和边缘资源的上下文信息将用户访问的热点内容合理进行缓存,对内容请求的快速反馈具有重要影响。因此,边缘计算的缓存管理成为产业界和学术界研究的热点。

已有的缓存策略主要存在以下问题:第一,单个网络设备边缘缓存能力受限,无法处理大规模数据;第二,当内容被查询时才会触发缓存操作的被动缓存机制会降低内容的搜索效率;第三,由于协同边缘缓存系统比较复杂,只考虑单个因素的缓存内容放置策略并不能取得理想的效果。目前存储设备的容量和成本都在大幅度下降,但是随着视频质量的不断提升和内容提供商提供的更加多样化的视频服务,缓存容量相对于庞大的用户需求仍然相对不足。因此,研究高效的缓存数据放置方案以提升用户的满意度是至关重要的。不同边缘MDC服务区域,用户对不同数据的不同偏好导致不同边缘MDC的服务区域内数据流行度不同。

本章设计边缘计算环境下分布式协同边缘缓存放置算法创新性在于:其一,采用分布式协作缓存架构,首先确定每个边缘服务器覆盖范围内的用户集合,然后利用缓存服务节点和终端设备之间的距离、内容流行度和缓存内容大小,计算数据访问延迟代价,将访问延迟代价最小化问题建模为0-1整数线性规划问题;其二,根据用户的本地边缘MDC中不同数据对象的流行度不同,将用户对数据对象的流行度与用户获得该数据对象所需要的延迟时间作为用户获得该数据对象付出的代价,然后采用用户获取全体数据对象所需代价的大小进行评价,利用元启发式伊藤算法搜索流行度高的数据在协同边缘服务器缓存系统最优位置,避免过多的长距离数据传输,保证用户请求的低延迟处理。

5.2 边缘计算环境下数据缓存应用场景:大视频应用

思科公司[137]预测2016—2020年全球视频流量将占到互联网流量的75%以

上，发达地区视频流量占比将超过80%。Conviva用户视频报告数据显示，56%的用户在遇到卡顿时会觉得难以忍受，从而选择放弃。在直播节目中，对于内容没有缓冲的情况，用户花费的观看时长会比已经缓冲过内容的时长高出240%。所以视频用户的体验与运营商的网络服务质量息息相关，运营商开展视频业务能否成功的关键因素就是观看视频时的用户体验。

随着中国电信、中国移动、中兴等网络运营商不断开展4K、8K、AR/VR等大视频业务，将会对网络带来数十倍带宽增长需求。例如，4K视频与高清视频相比，在画面清晰度、流畅度及色彩精度上有很大提升[4]。对于画面清晰度，4K的分辨率为3840×2160，为高清(1920×1080)的4倍；对于画面流畅度，4K的画面从高清时代的每秒25/30帧，增加到每秒50/60帧，极致体验甚至提升到100/120帧；对于色彩精度，每个像素的编码色阶从8位提高到10位、12位。通过H.265编码，4K视频对带宽的需求为22.5M~75M。8K、AR/VR则对带宽提出了更高的要求，8K视频带宽的需求为4K的4倍，为90M~300M；AR/VR则为4K的4~16倍，为300M~1.2G。大视频相对于传统视频的价值主要表现在拥有多彩的视频业务。极致视频体验是用户选择视频服务的核心需求。因此为提高视频业务体验质量，把大视频业务从云数据中心下沉到边缘微数据中心，减少网络层次，实现就近控制和管理。

通过引入边缘计算，将内容分发推送到靠近用户侧(如基站)进行分布式资源部署。对于视频业务而言，通过部署视频缓存模块、视频优化模块等对视频业务进行增值服务处理，从而可以更好地支持低时延和高带宽的互动视频(如AR/VR等)要求，如图5-1所示。

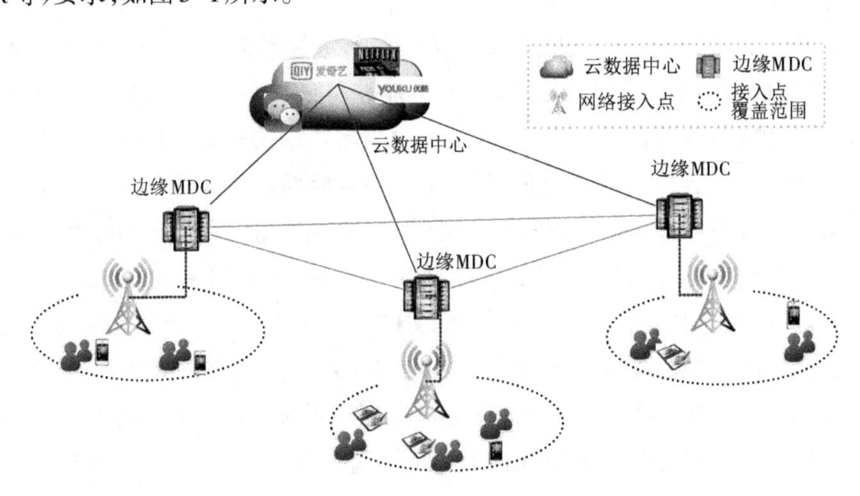

图5-1 边缘缓存应用场景：大视频应用

边缘微数据中心之间通过光纤连接,这样各个边缘微数据中心可以相互通信;边缘微数据中心和云数据中心全部通过Internet互联,远程云缓存服务器将服务内容分发到本地边缘微数据中心缓存。由于视频文件的体量较大,缓存全部视频文件会很快将有限的缓存空间消耗完。一般情况下,视频源服务器存储了具有高质量的所有视频内容。所以在边缘缓存系统则尽可能多地存放具有较高流行度的视频数据片段,以使大多数用户的请求能够直接从边缘缓存获得响应,而不必增加源服务器和回传网络的工作负荷。

5.3 边缘计算环境下缓存放置研究现状

边缘计算缓存技术[136]将云数据中心用户频繁访问的流行数据缓存到边缘微数据中心,用户在本地的边缘微数据中心就能获取需要的内容,从而极大缓解通信链路的传输压力,成为未来网络中提升超高清视频、虚拟现实/增强现实等超低延时应用服务的用户体验的关键技术之一。

目前缓存理论及优化技术已经在内存[138]、Web[139-140]、P2P(Peer to Peer)[141-142]、内容分发网络(CDN)[143]、信息中心网络(ICN)[144-147]、无线网络[148-150]及云存储系统[151]等进行了较为广泛的研究。缓存系统的设计主要考虑缓存大小设计、缓存共享机制及缓存可用性等。缓存管理主要体现在缓存数据放置决策和缓存替换算法等方面。

在基于多核处理器的共享缓存中,Hu等[138]利用动态规划(DP)算法来实现最佳的协同运行调度,在公平CPU分配下能获得最佳共享缓存性能。Nikolaou等人[139]提出在线社交网络或Web服务中的由客户端协作构建的主动缓存放置方案。他们研究客户端和工作负载的关系,主动将缓存副本放在可能访问它的客户端上。其中一种策略允许调整主动性,控制收益和成本之间的权衡。Laoutaris等[140]针对Web缓存提出了LCD(Leave Copy Down)和MCD(Move Copy Down)缓存方案。Bandara等[141]面向大规模的P2P系统,针对个别社区内部相对不那么受欢迎,仅从关注最主要查询的缓存和副本中无法获益的问题,提出了基于社区的缓存(CBC)解决方案以增强社区范围和系统范围的查找性能。另外通过分析覆盖P2P网络全局的最优行为和结构属性,该研究设计了基于启发式的LKDC算法来获得接近最佳的缓存性能。Akon等[142]提出了面向集群的轻量级协同缓存方案(SPACE),构建伪全局缓存感知的环境,适当利用附近空闲缓存来提高缓存忙碌时的性能,使系统具有较低的通信和存储开销。针对视频缓存的三个重要因素:用户参与、用户对内容的兴趣及视频流行度动态模式在PC客户端、Web浏览器和移动App三种访问类型中明显的变化,Xie等[95]提出了访问类型感知的CDN缓存系统,该系统将每种访问类型的缓存与优化相关联,包括基于块级缓存的部分缓存、跨平台只读缓存访问,以及预过滤最不受欢迎的视频。Psaras等[146]兼顾缓存容量和缓存收益,研究了基于概率的ProbCache缓存机制,缓存节点离内容源服务器越远,缓存收益越大,内容被缓存在该节点的概率越高;沿途下游节点总缓存容量越大,在当前节点中被缓存的概率越大。然而,该方法没有区分不同内容请求的差异,特别是没有考虑内容的不同热度,致使任何内容在同一缓存节点被缓存的概率是相同的。刘外喜等[147]提出了一种在分布式缓存机制中嵌入中心式缓存决策的机制。该机制把内容放置、发现和替换统一起来考虑,实现了内容的有序缓存,提高了网络的性能。Müller等[148]考虑了无线网络中随着时间的推移具有不同兴趣的移动用户可能会访问不同的缓存数据。因此,本地内容流行度会随时间有所波动。由于用户喜欢哪些内容可能取决于用户的上下文,该研究提出了一种用于上下文感知主动缓存的新算法,定期观察用户的上下文信息,通过在线学习了解上下文的内容流行度,来更新缓存内容。在无线移动自组织网络(MANET)中,Mershad等[149]根据缓存数据的语义描述,提出了请求语义比较和缓存查询方案,最大化MANET中缓存数据的有效性。Poularakis等[150]针对不可拆分的请求,为了优化缓存分配,将路由和缓存的问题归约为基础设施选址问题并给出了近似算法以实现用户请求满意度最大化。Tran等[151]研究了云无线接入网络(C-RAN)中的协作分层缓存框架,引入了延迟成本模型,提出了启发式缓存管理策略,包括主动缓存分配算法和被动缓存替换算法,旨在最小化网络中内容传递的平均延迟成本。总体来看,为提高空间利用率、降低缓存内容的冗余度,目前大部分研究主要关注的是针对具有相对较小的存储空间的网络硬件设备上或用户设备上进行缓存业务。比如,ICN网络中的缓存机制主要利用网络内路由器等网络设备进行网内缓存或利用终端设备之间进行协作缓存。

目前,边缘计算环境下的缓存管理[152-158]研究相对较少。Ramaswamy等[152]提出了基于效用函数的缓存放置架构,他们不仅考虑了正在进行的边缘高速协作缓存,而且还考虑了将数据项存储在单独的边缘网络缓存中的成本和收益,利用效用函数对在特定边缘高速缓存数据项的有用性进行量化。智江等[153]提出一种边缘优先逐级反馈的缓存协作策略。该策略通过将缓存决策提前至请求转发阶段,将下游节点的缓存决策信息及内容统计信息逐级反馈给上游节点,以达到缓存信息即时更新、辅助上游节点完成协作缓存的目的。在5G无线网络中,Zeydan等[154]提出了支持大数据分析处理的主动缓存架构。该架构利用机器学习对大数据进行分析预估内容流行度。Pellegrini等[155]提出将广义Kelly机制应用于共享边缘云缓存的竞争方案。该方案考虑内容流行度、可用性及关联到小区(SC)的用户密度。针对图像识别应用,Drolia等[156]提出了边缘服务器组成的缓存系统Cachier。该系统考虑缓存大小、缓存命中率,建立缓存预期延迟模型,利用请求的时空本地性减少对核心云的请求数量,最小化移动识别应用的整体延迟。在移动边缘计算环境下,Wang等[157]将联合计算卸载、频谱资源分配、计算资源分配和内容缓存的优化问题归约为凸问题,然后进行分解优化,并提出了基于乘法器交替方向(ADMM)方法的算法。在延迟和可靠性约束下,Elbamby等[158]研究了雾计算网络架构中任务卸载和主动缓存联合优化,并提出了将空间接近且具有共同任务流行度的用户设备聚类方法。

已有的边缘计算中缓存策略中,可以发现单个网络设备边缘缓存能力受限,无法处理大规模数据;当内容被查询时才会触发缓存操作的被动缓存机制,从而降低内容的搜索效率;由于协同边缘缓存系统比较复杂,只考虑单个因素的缓存内容放置策略并不能取得理想的效果。目前存储设备的容量和成本都在大幅度下降,但是随着视频质量的不断提升和内容提供商提供的更加多样化视频服务,缓存容量相对于庞大的用户需求仍然相对不足。本书考虑不同的边缘MDC服务区域内数据流行度、数据可靠性和上下文情况,研究边缘计算环境下分布式协同边缘缓存数据放置策略。通过缓存服务节点和终端设备之间的距离、数据流行度,构造用户访问延迟函数,利用元启发式伊藤算法搜索最优的大规模数据副本的缓存放置位置,把不同区域内用户感兴趣热点数据主动缓存到靠近用户终端的协同边缘缓存系统,避免过多的长距离数据传输,实现用户访问延迟最小化,从而提升用户满意度。

5.4 分布式协同边缘缓存数据放置问题分析及建模

5.4.1 问题分析

为了提高边缘计算环境下系统性能和用户体验质量,对边缘计算环境中的用户请求的延迟时间进行分析。参考平均内存访问时间[156]，利用边缘缓存系统处理应用的预期时间延迟如式(5-1)所示。

$$delay_{\text{expect}} = f(A_m) + p(m) \times (delay_{\text{net}} + delay_{\text{cloud}}) \tag{5-1}$$

式中，$p(m)$为缓存未命中率，$f(A_m)$为关于边缘缓存大小A_m的函数，其返回结果是缓存查找的延迟时间。参考复杂对象识别应用，可定义边缘缓存未命中率为式(5-2)。

$$p(m)=1-recall \times p(cached) \tag{5-2}$$

式中，$p(cached)$为随机选择的内容缓存命中率，取决于缓存大小、缓存内容流行度、缓存替换策略等。$recall$为被查询的内容在缓存中被识别的概率，则得到式(5-3)。

$$delay_{\text{expect}} = f(A_m) = (1-recall = p(cached)) \times (delay_{\text{net}} + delay_{\text{cloud}}) \tag{5-3}$$

根据式(5-3)可以看出，为实现低延迟的目标，需要考虑缓存存储空间大小、缓存数据流行度及网络传输时间等关键因素。缓存存储空间大小将对边缘协同缓存系统性能产生较大影响。在边缘协同缓存系统的其他设置相同的情况下，缓存存储空间越大，缓存的数据对象越多，系统的缓存命中率也就越高。但是，缓存存储空间越大，查询单个缓存数据的开销也会越大。同时每个数据的数据流行度随时间和地点动态变化，数据流行度越高，访问率就越大，反之就越小。

本章需要研究的关键内容是：根据用户所在的位置的内容流行度，在容量有限的边缘计算环境下协同缓存系统中存放当前本地内容流行度较高的副本，让用户感兴趣的内容能更久地保存在缓存队列中，提高内容缓存队列中缓存命中率，使用户能真正地获得距其“更近”的内容信息，减少回传网络的传输流量，实现较低用户访问延迟，从而提升用户体验。所以本章需要解决两个关键问题来实现整体缓存系统性能的提升：①缓存空间的确定；②在缓存资源有限的约束下，从边缘计算节点中搜索区域内数据流行度高的副本合理放置位置。

5.4.2 问题描述

在边缘计算环境中，边缘微数据中心具有较强的数据存储和计算能力。一般地，边缘微数据中心为系统提供缓存服务。在某城域网范围内若干个边缘微数据中心构成了边缘计算环境下分布式缓存系统的物理资源集合。缓存系统中包含1个管理节点，保存全局缓存信息，该信息由参与的边缘计算节点共同形成,仅被正运行的应用所感知。每个边缘微数据中心维护本地的缓存信息,区域内边缘MDC之间采用协同缓存机制,互相通告所缓存的内容等信息。所有协作的边缘微数据中心的信息和内容信息都被保存在管理节点上。若某一个边缘节点中缓存的内容信息发生变化,边缘缓存节点会立即通知边缘缓存管理节点进行更新,协同边缘管理节点实时获得内容相关信息。所以,本章对边缘计算环境下分布式协同边缘缓存数据放置问题的定义如下:

已知某区域内协同边缘计算系统资源和每个边缘MDC的部署位置及网络架构,远程云数据源服务器将服务内容分发到边缘微数据中心进行缓存。每个边缘微数据中心能够直接服务的物理区域是有限的。边缘MDC能够直接接收来自本地用户的请求并返回用户请求结果。如果本地MDC没有缓存用户请求内容,则系统将在协同的其他边缘MDC进行搜索,否则只能从数据源所在的远程云数据中心进行下载。在每个边缘微数据中心的服务范围内,因为用户偏好不同,所以数据流行度也有差异。因此本章的主要任务是在协同边缘缓存系统中缓存空间有限的情况下,如何根据每个边缘微数据中心的服务用户和服务区域内数据流行度,合理选择需要缓存的数据及其最优的存放位置,实现数据访问成本最低,从而提升用户体验质量。

5.4.3 问题建模

5.4.3.1 边缘计算协同缓存环境的系统模型

在边缘计算环境中,假设一个区域内总共M个边缘微数据中心,分别部署在各个基站站点。边缘微数据中心集合$EC=\{ec_1, ec_2, \cdots, ec_M\}$,其中$ec_m$表示第$m$个边缘微数据中心,$m \in \{1, 2, \cdots, M\}$,每个边缘微数据中心缓存大小为$A_m$。*Cloud*表示远程云数据中心。边缘MDC之间通过光纤连接,边缘MDC和云数据中心之间通过Internet网络互联。定义用户集合$UE=\{ue_1, ue_2, \cdots, ue_L\}$,$ue_l$表示第$l$个终端用户,其中$l \in \{1, 2, \cdots, L\}$。$UE_m \subseteq UE$表示在$ec_m$服务范围内的用户集合。

假设云数据中心源服务器提供N个内容不同的数据集$D=\{d_1, d_2, \cdots, d_N\}$可以被边缘微数据中心下载缓存。为了实现数据的可用性和系统的可靠性,边缘计算缓存系统采用副本机制进行数据存储,设每个数据对象的副本个数为R。为了便于研究及大数据文件的分块处理,假设每个数据对象的长度s是相同[159-161]的,离用户最近的边缘MDC为本地边缘MDC(Local),则用户终端直接从中心云获得内容的概率为0,即终端设备只能通过其所在缓存MDC系统中所对应的本地边缘服务器来获得数据。边缘微数据中心之间通过光纤互联,所以没有带宽的约束。用户通过容量为$\boldsymbol{R}_{0i}$的有线回程链路访问中心云数据中心。

定义缓存数据放置决策变量$x_{i,j,m}$,如式(5-4)所示,当$x_{i,j,m}$=1时,表示数据d_i的第j个副本放置到边缘微数据中心ec_m的缓存上;当$x_{i,j,m}$=0时,表示没有放置到边缘微数据中心m中。决策变量$x_{i,j,m}$构成数据缓存矩阵为$\boldsymbol{X}$。

$$x_{i,j,m}=\begin{cases}1, \text{如果数据}d_i\text{的第}j\text{个副本放置到边缘微数据中心}m\\0, \text{否则}\end{cases} \tag{5-4}$$

5.4.3.2 用户偏好与数据流行度

因为在某个区域内用户对内容偏好的类型在某个时间段内相对固定,所以可以对用户偏好进行预测。同时无线城域网中用户的信息传递通过路由完成。因此用户的兴趣偏好一定程度上与其所在边缘MDC相连,使边缘MDC具有兴趣偏好。数据流行度(Data Popularity)表示用户对系统中数据访问的频率。数据对象的流行度受地理位置影响,同一个数据对象在不同地理位置的流行度往往也不一样。举例说明,对学校和运动场这两种不同区域,人们关注的视频种类是不同的,在学校关注大多是与学习相关的内容,在运动场用户可能关注的是运动比赛等相关视频内容。同时数据对象的流行度也与时间因素密切相关,例如,对于学校区域的某一边缘MDC来说,在某个时间段内,其服务范围内学生可能会对某个慕课课程感兴趣,课程学习期间,该慕课课程视频信息的偏好度较高,但课程学习一旦结束,用户对该慕课课程的偏好度就会下降。

本章关注每个边缘MDC服务区域内用户访问数据的流行度。每个用户向本地边缘MDC独立地请求所需要的数据d_i。这里用$p_{i,m}$表示数据d_i在本地边缘MDC ec_m服务范围内的流行度。$p_{i,m}$随时间动态变化,在某一个时间间隙内其值相对固定,是一个已知值,可以通过历史数据统计分析得到。研究[82,95]表明边缘计算系统中数据内容流行度分布符合Zipf分布,数据对象的流行度越高,相应的访问次数也就越多。$P(i)=C/i^{\alpha}$,(C为常数,$\alpha>0$)。$P(i)$为排名为i的内容出现的频率,则在N个数据集合中,边缘MDC m用户请求内容d_i请求概率$p_{i,m}$如式(5-5)所示。

$$p_{i,m}=\frac{1/i^{a}}{\sum_{n=1}^{N}1/n^{a}} \quad \forall m\in M \tag{5-5}$$

式中,α为Zipf分布的斜率系数,它表示随着排名的下降流行度偏斜程度。假设用户发出的内容请求服从参数为λ的泊松分布，则边缘MDC m中用户在时间段Δt内请求内容i的概率可以表示为$p_{i,m,\lambda} = \lambda p_{i,m}$。

5.4.3.3 数据访问延迟

虽然目前存储资源(如硬盘)很便宜，但是在本地边缘MDC缓存所有可用数据既不经济也不可行。当用户请求在本地边缘MDC的缓存系统中没有找到可用的数据时，可从其他协同的边缘MDC或云数据中心的源服务器中搜索，因此产生额外的访问延迟。数据访问延迟代价(ADC)为用户发送数据请求到首次接收到请求的数据所花费的时间。根据边缘MDC协同缓存系统模型，可以看出数据访问延迟代价主要包括：①本地边缘MDC向用户传输数据的代价；②如果本地边缘MDC没有搜索到请求的数据则会产生协同边缘MDC之间传输数据的代价；③如果其他的协同边缘MDC环境中没有缓存该数据，则会产生云数据中心到本地边缘MDC的数据传输代价。

当系统进行传输数据时，传输代价除了与数据大小、数据所在的位置有关外，还与数据传输的源节点到目标节点的距离(路由跳数)有关。设h_n表示数据在Local和ec_n之间传输经过的路由跳数，h_0表示数据从云数据中心到Local之间传输数据经过的路由跳数。这里分别定义三个标识符dt_l, dt_n, dt_0，其中dt_l表示单位数据从本地边缘MDC(Local)传输到用户的代价；dt_n表示从协同ec_n到本地边缘MDC(Local)传输单位数据，经过单跳路由的传输开销。dt_0表示从云数据中心$cloud$到本地边缘MDC(Local)传输单位数据，经过单跳路由的传输开销。很显然有$dt_l < dt_n < dt_0$。很明显，从边缘MDC缓存中检索数据比从远程服务器所获得的成本效益高。这里定义$cost_k$为从数据中心k获取数据的单元访问代价，其值如式(5-6)所示。

$$cost_k = \begin{cases} dt_l, & \text{如果数据副本放置在本地边缘微数据中心}k \\ dt_n, & \text{如果数据副本放置在其他协作的边缘数据中心}k \\ dt_0, & \text{如果数据副本放置在云数据中心的节点}k \end{cases} \tag{5-6}$$

所以，对于用户$ue \in UE_m$，给定数据流行度分布P，通过本地边缘MDC(Local)，参考文献[159]，则协作边缘缓存中的数据访问延迟代价$DL_{ue,local}$如式(5-7)所示。

$$DL_{ue,local} = \sum_{i=1}^{N} \left(p_{i,local} \left(\sum_{\substack{k=0 \\ k \neq local}}^{M} cost_k \cdot h_k \cdot s \cdot x_{i,j,k} \right) \right), \forall ue, local, j \tag{5-7}$$

5.4.3.4 问题建模

当数据访问延迟成本降低，用户QoE就会提高。因此，本章的工作就是设计有效的缓存放置策略，以便实现流行数据访问的总平均延迟的最小化。特别是，考虑多副本的主动分发数据的缓存管理策略。在边缘服务器缓存大小、带宽的限制下，缓存放置优化目标函数定义为：

$$\min \sum_{m \in M} \left(\sum_{ue \in UE} DL_{ue,m} + \sum_{i} \sum_{j} f(d_{i,j}, ec_{m}) x_{i,j,m} \right) \tag{5-8}$$

$$\text{s.t.} \begin{cases} \text{C1}: \sum_{i=1}^{N} s x_{i,j,m} \leqslant A_m, \forall m \in \{1,2,\cdots,M\}, \forall j \in \{1,2,\cdots,R\} \\ \text{C2}: x_{i,j,m} \in \{0,1\}, \forall i \in \{1,2,\cdots,N\}, \forall j \in \{1,2,\cdots,R\}, \forall m \in \{1,2,\cdots,M\} \\ \text{C3}: \sum_{\text{m}=0}^{M} \text{X}_{i,j,m} \leqslant R, \forall i,j, i=1,2,\cdots,N \end{cases} \tag{5-9}$$

目标函数式(5-8)表示满足来自网络中的所有用户的内容请求而产生的总平均延迟成本。约束C1表示每个缓存节点中放置的数据受缓存容量的限制；约束C2表示$x_{i,j,m}$为二进制决策变量，表示是否将数据副本$d_{i,j}$缓存在边缘MDC m上。由于目标函数式(5-8)和各个约束条件式(5-9)均为线性，并且决策变量的取值为整型数据，可以看出该问题为0-1整数线性规划(0-1 ILP)问题，可以证明该问题是NP完全问题。关于边缘协作缓存系统中数据放置问题属于NP完全问题的简单证明过程如下：首先，边缘协作缓存系统中数据放置问题的任意可行解都可以在多项式时间内求得。因此该问题属于NP问题。其次，该0-1 ILP问题可以规约为3-CNF-SAT问题，由于该问题已经被证明为NP完全问题，因此当问题规模较大时，NP完全问题是无法求得其精确解的，只能通过启发式或元启发算法求得其近似最优解。本章采用具有快速全收敛特性的伊藤算法来求解该问题。

5.5 分布式协同缓存数据放置

本章的分布式协同缓存环境下数据放置策略，主要通过两个步骤来实现：①确定用户归属；②基于伊藤算法获取边缘计算环境中协同边缘缓存数据放置ECCDP_ITÖ最优解。

5.5.1 确定用户归属

在确定数据的缓存放置位置之前，需要确定用户的本地边缘服务器，其步骤如下：第一步，根据用户 ue_l 和边缘服务器 ec_m 之间的欧式距离 $\gamma_{us} = |ue_l - ec_m|$，建立距离相似度矩阵 W；第二步，以边缘数据中心 ec_m 为圆心，设定其服务范围的阈值为 r_m；第三步，若用户 ue_l 和边缘 MDC ec_m 的欧氏距离满足 $\gamma_{us} < r_m$，则确定该用户在 ec_m 覆盖范围内。

5.5.2 基于伊藤算法的协同边缘缓存数据放置

由于具有几乎处处强收敛[162]的特点，本章利用伊藤算法（ITÖ）解决分布式协同边缘缓存数据放置的优化问题。ITÖ 算法[162-163]是一种基于种群的随机优化算法，它基于伊藤过程模仿粒子系统中粒子相互碰撞与作用的动力学规律进行设计，在求解多目标优化、组合优化及时间序列建模等问题时已经取得很好的效果。对于流行数据的总平均延迟成本最小的优化问题，粒子系统的每个粒子对应于约束空间中的可行解。在本节中，首先，对缓存数据放置可行解的表示进行编码，然后讨论如何计算其适应度。其次，针对 ITÖ 过程中三个要素，如粒子半径、退火温度和活动强度进行分析；然后设计粒子的两个关键算子：漂移和波动算子。本章研究的重点是如何设计漂移和波动算子，使其适用于协同边缘缓存数据放置优化问题。

本节中缓存数据放置编码采用二进制方式。在协同边缘缓存系统中所有缓存数据和节点都已编号。数据 d_k 的编号为 k。数据放置编码模型描述了每个数据所在的边缘计算节点。对于每个边缘计算节点，将数据放置代码的长度设置为 $\lceil \log|ECC| \rceil$，其中 $|ECC|$ 表示协作边缘集群 ECC 中的节点总数。如果序列号等于 $|ECC|$，则节点的代码值设置为零。例如，当 $|ECC|=9$ 时，每个节点对应代码分别是 0001, 0010, 0011, 0100, 0101, 0110, 0111, 1000, 0000。因此，对于每个数据，使用节点代码来表示其存储位置。因此，所有编号的数据，数据分布的编码长度是 $|D|\lceil \log|ECC| \rceil$。例如，数据放置编码方案“0010 0001 0100 0011 0101 0110 0000 0111 1000”表示 9 个数据（编号从 1 到 9）分别放置在编号为 2，1，4，3，5，6，9，7 和 8 的节点上面。

本章中缓存数据放置策略的目标是总平均访问延迟成本最小化。因此，将缓存数据副本放置解决方案的总平均延迟成本函数值作为评估适应度函数。

5.5.3 算法关键因素设计

为了搜索总平均延迟成本最小的流行数据副本缓存最优放置位置，本节重点研究基于ITÖ的协同边缘缓存数据放置算法的漂移和波动算子设计，针对边缘计算环境下流行数据副本缓存放置总平均延迟成本优化最小化问题，能够在全局范围内快速寻找最优解。ITÖ算法中漂移和波动算子的三个关键因素包括：粒子半径、退火温度和活动强度。

5.5.3.1 关键因素

（1）粒子半径：在ITÖ算法的搜索解空间中的每个粒子都有半径属性。设定该算法中的半径属性会根据粒子当前的状态动态变化，即半径的值不是恒定的。根据爱因斯坦和郎之万的大分子巨系统公式，结合半径设计和布朗运动的规律，可以看出半径越大，粒子随机运动越弱；半径越小，粒子随机运动越强。为了搜索解空间的最优解，应该让具有较差适应性的粒子的活动能力保持较强的状态；而具有良好适应性粒子的活动能力应该保持较弱状态。因此，当粒子的适应性更好时，本章通过设置较大的半径值来降低粒子活动强度以保持其当前解，否则为粒子设置较小的半径值。对于本章中的总平均延迟成本优化最小化问题，当函数值较大时，粒子半径较小，可以进行大范围运动以实现快速搜索目标。同时使具有良好适应性的粒子保持较大的半径值，由于运动幅度不大，则将在较小范围内搜索更精确的解。因此，半径r应符合式(5-10)。

$$r(\alpha) = k(f(\alpha)) \tag{5-10}$$

式中，α代表当前粒子系统中的粒子，$f(\alpha)$为可行解的函数值；$k(\cdot)$是单调递增函数。本章采用基于排序的粒子半径计算方法[162]，其过程如下。

S1：对种群中的所有M个粒子根据其目标函数值按升序排列$\{\alpha_1, \alpha_2, \cdots, \alpha_M\}$。

S2：根据式(5-11)计算每个粒子的半径：

$$r(\alpha_i) = r_{\min} + \frac{r_{\max} - r_{\min}}{M} i \qquad i \in [1, M] \tag{5-11}$$

无论每个粒子的目标函数值如何，基于排序的方法生成的粒子半径均匀分布于$[r_{\min}, r_{\max}]$。该方法使算法在后期具有较强的搜索能力，适用于复杂目标函数的情况。

（2）退火温度：根据外部温度控制粒子活动强度的规律，即温度越高，粒子活动强度越强;温度越低,粒子活动强度越弱。与模拟退火算法相同,温度随着迭代次数的增加而逐渐减小。因此,退火温度定义为式(5-12)。

$$T(\beta) = \eta^{\lfloor \beta/\Delta \rfloor} T_0 \tag{5-12}$$

式中,β为迭代的次数,$T(\beta)$为第β次后的温度值,η为控制温度下降速率的系数,$\lfloor \cdot \rfloor$是向下取整函数,Δ是退火表的长度,T_0是初始温度。

(3)活动强度:遵循爱因斯坦提出的大分子运动和粒子热运动定律,活动强度与粒子半径成反比,与环境温度成正比。因此,当前种群中粒子的活动强度为式(5-13)。

$$\varsigma_i = \frac{(e^{-\lambda r_i} - e^{-\lambda r_{\max}})}{(e^{-\lambda r_{\min}} - e^{-\lambda r_{\max}})} e^{-\frac{1}{T(\beta)}} \tag{5-13}$$

式中,r_i为粒子α_i的半径。

5.5.3.2 漂移和波动算子

(1)漂移算子:漂移算子$f_1(r,T)$促使粒子宏观上向吸引子移动以加速算法的收敛速度。针对缓存放置优化问题,本章选取全局范围内目标函数值最小的作为吸引子。通常,漂移算子由漂移强度γ和漂移过程组成。漂移强度受粒子半径r和环境温度T的影响,漂移过程按照概率来构造路径[162],并且漂移过程将粒子的运动朝着吸引子方向漂移。

(2)波动算子:波动算子主要完成粒子在自己的领域内局部扰动,由两部分构成:波动的强度和波动过程。为了避免陷入局部最佳状态,保持解的多样性,在粒子半径和环境温度的影响下,波动算子使粒子随机在解空间中移动。波动算子函数$f_2(r,T)$的设计如式(5-14)所示。

$$f_2(r_i, T) = u_{\min} + \varsigma_i (u_{\max} - u_{\min}) \tag{5-14}$$

式中,$u_{\max}$、$u_{\min}$分别为粒子的最大、最小漂移度,ς_i为波动强度。则基于漂移算子和波动算子的ITÖ算法搜索的粒子新位置X_i'如式(5-15)所示。

$$X_i' = X_i + f_1(r,T)(p_g - X_i) + f_2(r,T)(X_i - X_k) \tag{5-15}$$

式中,p_g为吸引子,$f_1(r,T)(p_g - X_i)$为漂移项,$f_2(r,T)(X_i - X_k)$为波动项,$f_1(r,T)$为漂移算子,$f_2(r,T)$为波动算子。

5.6 算法实现与分析

5.6.1 算法实现

边缘计算环境中协同边缘缓存数据放置ECCDP_ITÖ算法如算法5-1所示。其中,第1行为初始化阶段。第2行根据历史数据信息计算边缘MDCm服务范围内数据i的数据访问流行度$p_{i,m}$。第3~37行是使用ECCDP_ITÖ算法处理完成的缓存放置的整个过程。第4行描述了原始有效解决方案是由概率生成模型生成的,其数量等于种群规模的大小。第5行确保随机生成的数据副本放置方案是合法的。首先,在第8行中,所有粒子按其适应性升序排序;第9行选择第一个粒子作为当前最优解(吸引子),第10行选择第一个粒子作为初始阶段的当前全局最优解。在迭代$maxGen$次后(或满足停止条件),第12~35行搜索最优解。在每次迭代中,通过式(5-8)计算全局最优解的适应度和当前解的适应度,粒子不断进行漂移和波动操作以搜索总体中的最优解,并且如果全局最优解在一定的计算周期内没有改变则停止搜索。从第21行到第23行更新每个颗粒退火温度、半径,以及所有颗粒的活动能力。最后,在第22~33行中,所有粒子都进行漂移和波动操作,并构建新的解决方案,进行种群更新。在此过程中,每个粒子根据更新的漂移算子移动,如果新的解决方案优于当前的粒子解,则更新粒子当前最优解和全局最优解。根据更新的波动算子,将每个粒子移动到新位置。值得注意的是,一旦中断条件与设置规则匹配,迭代就会终止。

算法 5-1:基于伊藤算法的协同边缘缓存数据放置ECCDP_ITÖ

Input: *ECC*//协同边缘计算节点集群;$D=\{d_1,d_2,\cdots,d_n\}$//缓存数据集合,其中s为数据大小

$A=\{A_1,A_2,\cdots,A_M\}$//节点缓存大小;$UE=\{ue_1,ue_2,\cdots,ue_k\}$// 用户设备集合.

Output: X //缓存数据放置集合

Begin

1: initialize T_0, α, r, $maxGen$, $curGen$, M, MAX_NO_UPDATE, //T_0, Environment temperature; α, Particle activity ability; // r Particle radius; M the size of population ;

2:根据历史数据信息计算数据的流行度p_{im}

3: **while**(系统可用缓存资源满足数据缓存条件){

4: produce *M* different random valid particles'solution by *probability generating model*

5: **if** each particles'solution is valid **then** added it to particles;

6: **else** goto 4;

7: *count*=0;

8: Sort all particles with fitness in ascending order;

9: *curBestSolution* *particles*[0].*solution*;

10: *gBestSolution* *curBestSolution*

11: **while**((*curGen*++≤*maxGen*)|| *noUp*<*MAX_NO_UPDATE*)) {

12: //根据当前粒子的数据放置方案,通过式(5-8)计算当前缓存系统的数据访问延迟成本

13: *gBestSolution.fitness* is calculated by *Eqn.*(5-8)

14: *curBestSolution.fitness* is calculated by *Eqn*(5-8)

15: **if**(*gBestSolution.fitness* <*curBestSolution.fitness*)

16: *noUp* 0;

17: *gBestSolution* *curBestsolution* ;

18: **else**

19: *noUp*++;

20: **endif**

21: update the radius of all particles by(5-11);

22: update annealing temperature by (5-12) ;

23: update all particles activity ability by (5-13);

24: **for** *j*=1 **to** *M* **do**// for each particle

25: make drift and volatility operators by (5-14)

26: *newSolution* ¬construct a feasible solution by (5-15);

27: **if**(*newSolution is not valid*) **goto** line 4;

28: **if** *newSolution.fitness*: < *particles*[*j*].*fitness* **do**

29: *particles*[*j*] ¬ *newSolution*;

30: **else if** rand() < 0.7 **do**

31: *particles*[j] ¬ *newSolution*;

```
32:        end if;
33:      end for
34:    count++;
35:  }end while
36: } end while
37 : return gBestSolution.X ;
End
```

5.6.2 算法时间复杂度分析

这里分析ECCDP_ITÖ算法的时间复杂度。边缘计算环境中协同边缘缓存数据放置算法考虑了数据量的多少、数据集副本和边缘集群数量。同时算法最大迭代次数是*count*，为*maxGen*和*MAX_NO_UPDATE*之间的最小值。每次迭代都会创建与基因数相关的粒子长度解决方案。因此，ECCDP_ITÖ算法具有多项式算法复杂度。

5.6.3 算法收敛性分析

由于该问题已经被证明为NP完全问题，因此当问题规模较大时，NP完全问题是无法求得其精确解的，只能通过启发式或元启发算法求得其近似最优解。因此，本章采用伊藤算法来求解该问题。下面对ECCDP_ITÖ从算法的收敛性进行理论分析。

分布式协同边缘缓存放置算法ECCDP_ITÖ中，每个粒子都遵从各自的运动规律，算法的收敛性可以通过分析每个粒子的活动，然后再组合成整个算法性能。ECCDP_ITÖ[156]表现出了非齐时马尔可夫链的行为$\{Y^t, t=1,2,\cdots\}$，从第t代种群Y^t向第$t+1$代种群中Y^{t+1}活动过程中，包含如下5个转换步骤：

$$Y^{(t)} \xrightarrow{1:\text{吸引元}} D^{(t)} \xrightarrow{2:\text{漂移}} X^{(t)} \xrightarrow{3:\text{选择}} Z^{(t)} \xrightarrow{4:\text{波动}} V^{(t)} \xrightarrow{5:\text{选择}} Y^{(t+1)}$$

在步骤1中，种群中选择吸引元[162]的概率如式(5-16)所示。

$$P_A^{(t)}(D^{(t)} = d|Y^{(t)} = y) = \prod_k P_A^{(t)}(y(k), d(k)) \tag{5-16}$$

在步骤2中，粒子群的漂移概率如式(5-17)所示。漂移算子只是加速算子的改进，对算法的收敛性影响不明显。

$$P_D^{(t)}(X^{(t)}=x|D^{(t)}=d)=\prod_k P_D^{(t)}(d(k)a(d(k),x(k))) \tag{5-17}$$

步骤3和步骤5中选择操作中发生是有条件的:只有新产生的粒子改进才会被选择,则第3步的概率为式(5-18)。

$$P_s(Z^{(t)}=z|X^{(t)}=x)=\prod_k P_s(x(k),z(k)) \tag{5-18}$$

第5步的概率如式(5-19)所示。

$$P_s(Y^{(t+1)}=y|V^{(t)}=v)=\prod_k P_s(v(k),y(k)) \tag{5-19}$$

步骤4为波动算子,波动算子是随机算子,在漂移强度不为0的情况下,算子在任意的状态下,均可达。整个种群的转移概率如式(5-20)所示。

$$P_V^{(t)}(V^{(t)}=v|Z^{(t)}=z)=\prod_k P_V^{(t)}(z(k),v(k))\geqslant \mathrm{e}^N \tag{5-20}$$

ECCDP_ITÖ算法的最优解$\{Y^{t+1}, t=1,2,\cdots\}$在非时齐马尔可夫链的转移概率如式(5-21)所示。

$$\begin{aligned}P(Y^{(t+1)}=y'|Y^{(t)}=y)=&\sum_d(P_A^{(t)}(D^{(t)}=d)|Y^{(t)}=y)\\&(\sum_y(P_D^{(t)}(X^{(t)}=x)|D^{(t)}=d)\\&\sum_z(P_s(Z^{(t)}=z)|X^{(t)}=x)\\&\sum_v(P_V^{(t)}(V^{(t)}=v)|Z^{(t)}=z)\\&P_s(Y^{(t+1)}=y')|V^{(t)}=v))))))\end{aligned} \tag{5-21}$$

引入向量$H(y)\equiv(h(y(1)),h(y(2)),\cdots,h(y(N)))^{\mathrm{T}}$,如果$H(y)\leqslant H(y')$,根据参考文献[162],则有$P(Y^{(t+1)}=y'|Y^{(t)}=y)\geqslant \mathrm{e}^N$,不然则有$P(Y^{(t+1)}=y'|Y^{(t)}=y)=0$。则根据ECCDP_ITÖ算法的转移概率,任意粒子y一旦转移出去,必然向$j>k$转移,不会返回。所以可以看出ECCDP_ITÖ算法具有必然强收敛性。

5.7 边缘计算中分布式协同边缘缓存放置实例

本节给出边缘计算中分布式协同边缘缓存放置的实例。假设分布式协同边缘缓存中包含3个边缘MDC，其存储容量分别为2 TB、1TB和4TB，缓存容量为存储容量的20%即分别为0.4TB、0.2TB和0.8TB，每个请求在对应缓存搜索的时间为1.6ms、1ms和3.2ms。视频内容总数为3，每个内容的大小为10MB，编号分别表示为d_1、d_2、d_3。每个内容的副本个数为2个。内容流行度斜率系数在边缘MDC_1、MDC_2和MDC_3分别为0.7、0.8和0.6。本地单位访问延迟dt_1为2ms，邻居边缘MDC单位访问延迟为10ms，远程云单位访问延迟为100ms。边缘MDC1、MDC2和MDC3的用户个数分别为50个、40个和30个。用户请求速率为3请求/秒，本次设置时间间隙为5s。

5.7.1 确定用户归属

采用大地坐标系，设用户A的位置信息(116.458 8，39.920 84)，第一个参数表示经度，第二个参数表示纬度。边缘位置1的位置信息为(116.456 1，39.920 75)，根据球形坐标两点间距离公式，求得用户A和边缘位置1的欧式距离为0.0238 99km。本章设基站的覆盖范围为半径200m，则可以算出用户A在边缘位置1服务覆盖区域内。类似地，可以确定所有120个用户的归属。

5.7.2 缓存放置优化方案搜索过程

5.7.2.1 计算边缘MDC m的请求概率

根据式(5-5)及边缘MDC1、MDC2、MDC3内容流行度斜率系数，以及数据在每个边缘MDC的访问热度排名，求得d_1，d_2，d_3在每个边缘MDC的请求概率如表5-1所示。假设放置决策变量矩阵X的设置如表5-2所示。根据式(5-8)则边缘MDC 1、MDC 2和MDC 3区域平均访问总代价分别为1 220ms、2 040ms和1 440ms，整个边缘缓存的访问代价为4 720ms。

表5-1 边缘MDC m的请求概率计算

	内容流行度系数	d_1	d_2	d_3
边缘MDC1	0.7	0.480 992 323	0.296 085 505	0.222 922 172
边缘MDC2	0.8	0.288 676 744	0.208 707 853	0.502 615 403
边缘MDC3	0.6	0.237 608 336	0.303 051 494	0.459 340 17

表5-2　放置决策变量设置

	d_1		d_2		d_3	
	d_{11}	d_{12}	d_{21}	d_{22}	d_{31}	d_{32}
边缘MDC1	1	0	1	0	1	0
边缘MDC2	0	0	0	0	0	1
边缘MDC3	0	1	0	1	0	0

5.7.2.2　基于伊藤算法的数据缓存放置优化

经过基于ITÖ的数据缓存放置优化，如图(5-2)所示，缓存数据副本$d_{1,1}$，$d_{1,2}$，$d_{2,1}$，$d_{2,2}$，$d_{3,1}$，$d_{3,2}$分别放置到第1个边缘MDC，第2个边缘MDC，第2个边缘MDC，第2个边缘MDC，第1个边缘MDC，第2个边缘MDC。边缘MDC1、边缘MDC2和边缘MDC3区域平均访问总代价分别为：1 220ms、620ms和570ms，整个边缘缓存的访问代价为2 410ms。继续优化的过程发现最终的解决方案的解不变次数达到了优化结束的条件，故该放置方案为最终的边缘缓存方案。

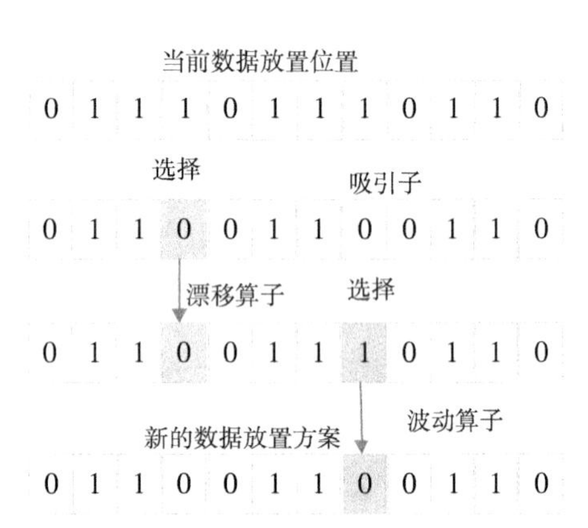

图5-2　基于ITÖ的数据缓存放置优化过程

5.8　性能评估

5.8.1　实验环境及参数配置

本节评估提出的边缘计算环境下分布式协同缓存数据放置策略ECCCP_ITÖ的性能。实验结果在相同条件下独立执行25次后取其平均值而得到。本章采用最近最少使用算法(Least Recently Used，LRU)进行缓存内容替换。关于ITÖ算法中的参数设置详见表5-3。本章实验的硬件和软件环境和第3章内容大致相同。

表5-3 实验中参数及设置

参数	设置
一个边缘MDC中边缘服务器的数量集合	{2,3,4,5,6}
一个边缘MDC中服务的用户数量	200~600个
视频内容总数	1000个
Zipf分布斜率系数	{0.55,0.6,0.65,0.7,0.75,0.8}
缓存容量占系统容量的比率	{0.05,0.1,0.15,0.2,0.25,0.3}
回传网络带宽	100~1000Mb/s
本地边缘MDC用户访问代价	1~3ms
协同边缘MDC访问代价	10~30ms
远程云用户访问代价	70~120ms
种群个数	60个
最大迭代次数	1 000次
没有更新的最大次数	60次
粒子运动能力	1.4
退火速率	0.9
初始环境温度	1 000℃

特别的,在云服务器上部署视频源内容,该视频内容来自Google公布的大型多标签视频分类数据集:YouTube-8M视频数据集[164],由800万个视频组成,用4800个视觉实体的词汇表注释。为了获取视频及其(多个)标签,该视频数据集使用了YouTube视频注释系统,标记了包含主要主题的视频。标签具有高精度并包括元数据和查询点击信号。本章的用户请求数据集来源于2008年3月12日马萨诸塞州阿默斯特大学校园收集的YouTube视频请求跟踪数据[165]。包含19 777个用户,用户分7组,77 414条不同的视频内容,每个视频的大小为20MB,用户总请求数量为122 280次。

为了获得不同BS上的内容流行度不同的场景,本节利用视频处理工具FFMPEG(Fast Forward Mpeg)对YouTube-8M视频源内容进行编辑处理,同时从YouTube视频跟踪中提取流行度分布,并生成合成数据集。这样用户对数据内容的请求模式服从齐普夫定律Zipf[159]分布。用户请求平均作业到达率服从泊松分布。对于每个视频数据,设置数据的副本个数为3。主要包含的元数据信息{*dataname*, *datasize*, *location*, *cacheTime*, *expireTime*, *lastUseTime*, *count*, *iCached*}。对于边缘MDC ec_m,主要包括边缘计算节点所在基站及其位置,剩余可用缓存空间{*basehost*, *location*, *avaCapacity*}。

5.8.2 对比算法及相关性能指标

5.8.2.1 对比算法

实验采用的四种对比算法分别是:①Octopus[159],Octopus是基于云无线接入网(C-RAN)的一种协作分层缓存策略,利用部署在边缘服务器上的分布式边缘缓存和云缓存协同提供缓存服务。但是其边缘缓存之间的协作需要通过“U形转弯”(BS-CPU-BS)从相邻BS检索高速缓存内容,比通过回传网络从CDN中的原始远程服务器获取内容延迟的成本更高。②基于遗传算法(GA)的协作缓存策略[160]:利用遗传算法来对数据缓存放置问题求解。③贪心算法(Greedy):当前所有可行选择中进行局部最佳的缓存放置。④随机缓存策略(RR):随机选取数据内容进行缓存。

5.8.2.2 性能指标

参考文献[159,166],本书从缓存命中率、平均访问延迟、回传流量三个性能指标评估本章提出的缓存方案。

缓存命中率:衡量协同边缘缓存系统性能和缓存内容可用性的重要指标,是在边缘缓存系统中成功搜索到的用户请求数据量和总请求数量的百分比。缓存命中率越高表示越多的用户请求在边缘计算协同缓存系统中得到响应。记录边缘服务器m在时间段Δt数据请求的缓存命中的总次数为$N_{\text{hit}}(m)$,总请求次数N,则所用边缘MDC的平均命中率为式(5-18)所示。

$$p_{avg\_hit}=\sum_{m=1}^{M}(N_{\text{hit}}(m)/N(m))/M \tag{5-18}$$

平均访问延迟(ms):用户请求的内容从缓存或从源数据服务器中搜索到反馈给用户平均延迟。平均访问延迟越小,用户请求得到的响应速度越快。平均访问延迟是衡量用户服务体验质量(QoE)的重要指标。设用户请求数据的总次数为N,T_{start}表示用户发出请求数据的开始时间,T_{end}表示用户收到请求数据的结束时间,则用户请求M个数据的平均延迟为式(5-19)所示。

$$T_{\text{avg}}(u)=\sum_{i=1}^{M}(T_{\text{end}}(i)-T_{\text{start}}(i)) \tag{5-19}$$

回传流量(TB):由用户从云端内容源服务器中下载数据而产生的通过回程网络的流量。

5.8.3 实验结果及分析

实验分为两部分：其一，参数敏感性分析，其中包括内容流行度斜率系数α的影响及缓存容量的影响；其二，对比分析实验，其中包含两组对比实验：协同边缘缓存资源规模的不同对算法性能的影响和负载不同对算法性能的影响。

5.8.3.1 参数敏感性分析

（1）内容流行度斜率系数α的影响：一般地，内容的流行度遵循Zipf分布。本章用Zipf分布的内容流行度曲线表示在同一部影片内的周期性内容流行度从头至尾高低起伏的情况。其中，α为Zipf分布的斜率系数，它表示随着排名的下降，流行度下降的速率。根据参考文献[139]，α变化范围在0.64到0.83之间。α值越大说明越少的内容被频繁请求，越小则说明不同内容的受欢迎程度越接近。所以本章的参数敏感性分析中，对流行度分布斜率系数的分布测试 $\alpha \in [0.55, 0.6, 0.65, 0.7, 0.75, 0.8]$。实验结果如图5-3所示。

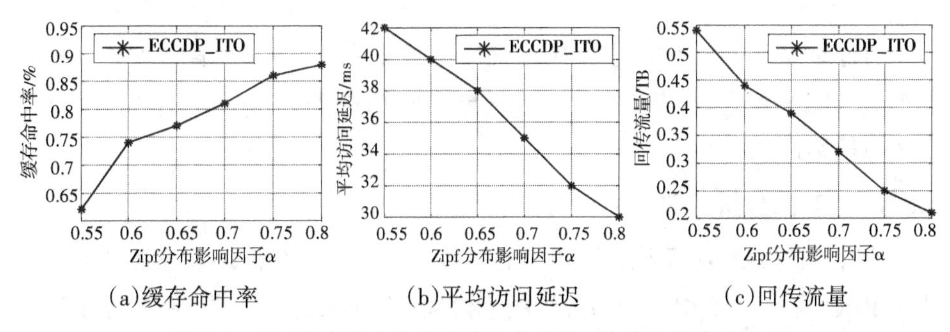

(a)缓存命中率　(b)平均访问延迟　(c)回传流量

图5-3　Zipf分布的内容流行度斜率系数α对系统性能的影响

从图5-3可以看出，本书提出的基于伊藤算法的分布式云边协同缓存放置策略ECCDP_ITÖ的缓存命中率均随着α的增大而增大，平均访问延迟和回传流量随着α的增大而减小。这说明随着α的增大流行的内容更加集中，绝大多数用户的请求集中在少量的内容上，ECCDP_ITÖ缓存策略更加有效。因此，平均传输时延和后程传输流量就会降低。

（2）缓存容量的影响：本组实验分别设缓存空间相对于总数据容量大小的比值为[0,0.05,0.1,0.15, 0.2,0.25,0.3]，服务内容数量为1 000，Zipf分布的斜率系数的值固定为0.7。

图5-4分别描述了缓存命中率、平均访问时延及回传流量随缓存容量占系统总容量比率不同所呈现的变化趋势。可以看出，缓存命中率随边缘微数据中

心缓存空间的增大而增大,平均访问延迟和回传流量随着缓存容量占系统容量比率的增大而减少。原因是边缘MDC缓存空间的增加,就会有较多数据内容可缓存在边缘MDC缓存系统,这样更多的用户请求可以直接从靠近用户端的边缘MDC系统缓存得到响应。

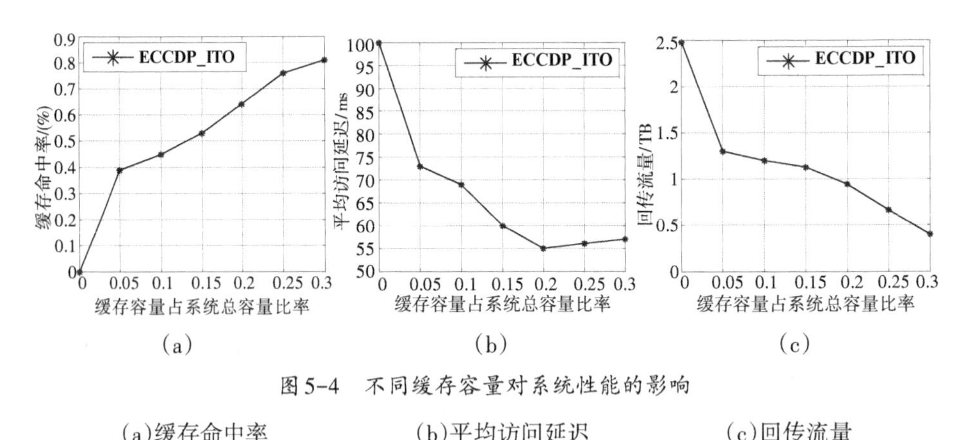

图5-4 不同缓存容量对系统性能的影响

(a)缓存命中率　　(b)平均访问延迟　　(c)回传流量

通过参数敏感性测试,边缘MDC的缓存容量系统总容量设置为20%,Zipf分布的影响因子取值为0.7。然后通过提出的ECCDP_ITÖ和Octopus、GA、Greedy及RR进行对比分析。

5.8.3.2 对比分析实验

(1)协同边缘缓存系统资源规模的不同对算法性能的影响:本实验选取两个边缘MDC,每个边缘MDC中服务器的个数从2个增加到6个,图5-5描述了每个边缘MDC中服务器数量变化的情况下,五种缓存策略的缓存命中率的对比分析。可以看出,随着边缘MDC数据中的心中边缘服务器数量的增加,ECCDP_ITÖ和其他4种对比的缓存策略的缓存命中率均呈上升趋势。同时,本章设计的ECCDP_ITÖ的缓存命中率明显高于其他策略。当边缘节点数量从2个增加到6个的过程中,相比传统的GA,ECCDP_ITÖ的缓存命中率分别增加了35%,17%,18%,18%和13%;相比于Greedy,缓存命中率分别增加了63%,64%,43%,40%和33%;相比于Octopus,缓存命中率分别增加了77%,76%,40%,28%,16%;相比于RR,则具有更明显的优势。主要原因在于ECCDP_ITÖ在进行边缘放置的时候,一方面考虑了区域用户偏好及内容流行度,另一方面伊藤算法全局寻优能力高于GA。

图5-6显示了5种策略的影响下用户平均访问延迟随边缘MDC服务器的数量的增加而逐渐下降。当每个边缘MDC中的节点数量从2个增加到6个的时候，相比于GA，用户平均访问延迟分别降低了19%，22%，36%，44%和55%；相比于Greedy，分别降低了29%，37%，47%，51%和64%；相比于Octopus，则分别降低了30%，38%，38%，45%，45%和58%。

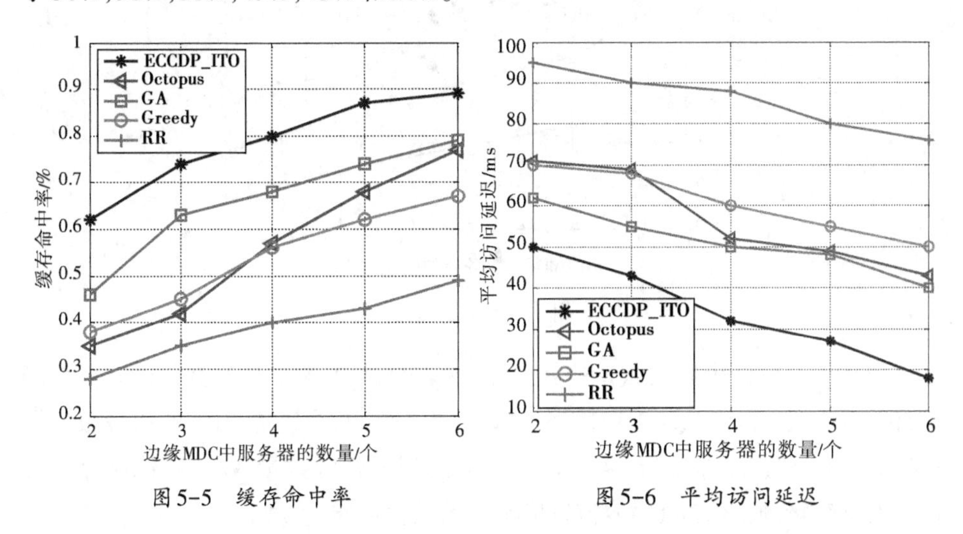

图5-5 缓存命中率

图5-6 平均访问延迟

图5-7显示了5种策略下回传流量负载随边缘MDC服务器的数量的增加而逐渐下降。当每个边缘MDC中的节点数量从2个增加到6个的时候，相比于GA，回传流量负载分别降低了46%，40%，44%，46%和56%；相比于Greedy，分别降低了55%，56%，59%，61%和75%；相比于Octopus，则分别降低了57%，58%，63%，58%和73%。

从实验数值结果可知，本书提出的基于伊藤算法(ECCDP_ITÖ)的边缘MDC协作缓存机制，在缓存命中率、用户平均访问时延及后程传输流量三个性能指标上，都要优于传统的GA、Greedy，明显优于RR。可以看出，ECCDP_ITÖ和其他四种对比算法下的缓存命中率都随着边缘MDC中服务器数量的增加而提升，而用户平均访问时延和后程传输流量都随着边缘MDC个数的增加而减小。这是因为随着边缘MDC中服务器数量的增加，越来越多的数据内容可以缓存在边缘系统，用户直接从缓存系统中访问数据，缓存命中率随之增加；同时由于命中率上升，用户平均访问延迟和后程传输流量随之下降。

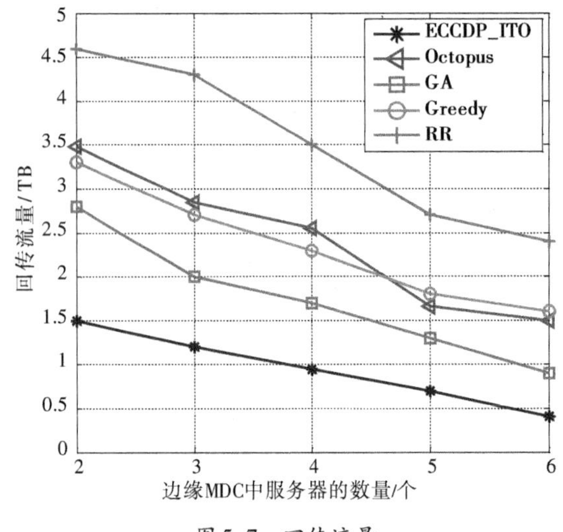

图 5-7 回传流量

(2)负载(数据内容数量)不同对算法性能的影响:服务内容数量的取值范围为500~3000个,每个边缘MDC服务器数量为4个,两个边缘MDC的边缘服务器数量为8个,根据请求需要,可以动态扩展远程云资源数量,每个边缘缓存占计算节点总容量的2%,Zipf内容流行度斜率系数值固定为0.7。

图5-8结果显示了缓存数据总量变化的情况下五种缓存放置策略下缓存命中率的性能对比。可以看出,本章提出ECCDP_ITÖ和其他四种对比策略下的缓存命中率都随着服务内容数量的增大而减小。当缓存内容从500个变化到3000个时,提出的缓存放置方法的缓存命中率分别高于GA缓存命中率2%,11%,21%,32%,36%和18%;相比于Greedy,缓存命中率分别提升了10%,29%,41%,50%,51和27%;相比于Octopus,缓存命中率分别提升了9%,31%,49%,56%,58%和37%。

图5-9表明了在五种不同缓存策略下用户平均访问延迟随视频内容总量数量增大的时延变长。本章提出的ECCDP_ITÖ的缓存放置策略要优于GA、Greedy和Octopus。具体地,当服务内容数量在500个到3 000个之间变化时,ECCDP_ITÖ的用户平均延迟比GA、Greedy和Octopus分别降低了35%~67%、38%~87%和45%~86%。

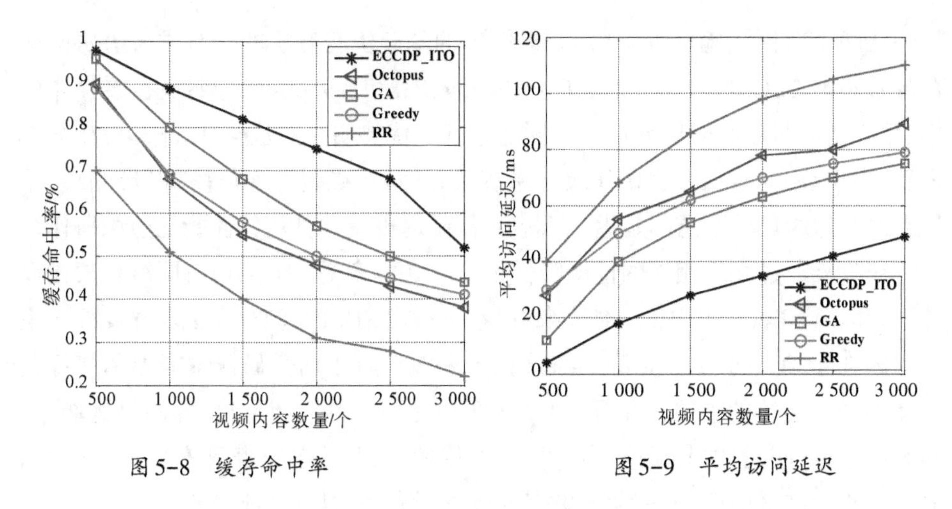

图 5-8 缓存命中率　　　　图 5-9 平均访问延迟

图 5-10 表明了在 5 种不同缓存策略下回传流量负载随视频内容数量变化的趋势。可以看出,在所有策略下的回传流量负载都随着内容数量的增大而增大。实验结果表明,本书基于 ITÖ 的缓存放置策略和另外 4 种策略相比,回传流量是最低的。具体地,当服务内容数量在 500 个到 3 000 个之间变化时,ECCDP_ITÖ 的回传流量比 GA 低了 78%、10%、17%、24%、26% 和 15%;比 Greedy 低了 85%、22%、29%、33%、34% 和 48%,比 Octopus 低了 82%、26%、33%、29%、39% 和 46%。可以看出,当视频内容数量增加的时候,因为协作边缘 MDC 的缓存空间有限,而随着内容数量的不断增多,越来越多的用户请求无法从边缘 MDC 的缓存找到其所需要的数据,所以缓存命中率会随之减小;同时到云端请求的内容增多,访问延迟和回传流量随之增大。

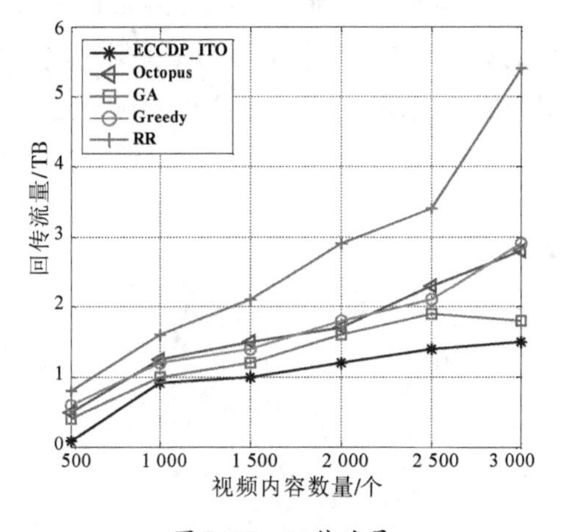

图 5-10 回传流量

从两个对比实验可以看出,本章提出的基于伊藤算法的分布式云边协同缓存放置策略ECCDP_ITÖ相比于GA、Greedy、RR和Octopus优势明显在缓存命中率、用户访问时延和回传流量三个性能指标上优势明显。从与Octopus对比分析来看,由于Octopus在云边协作缓存系统设计时,边缘缓存通信呈"U"形路线,用户在协同边缘环境下访问延迟比云边协作延迟更差,所以,其性能比边缘协作缓存系统直接通过光纤相连的性能降低很多。在本章提出的云边协同缓存架构设计下,和GA、Greedy和RR的对比来看,本书提出ECCDP_ITÖ算法表现良好。主要原因在于ECCDP_ITÖ算法的漂移算子和波动算子的全局搜索能力和局部扰动能力都比传统的种群优化算法GA表现出更好的性能,具有良好的寻优能力。同时由于Greedy算法易于陷入局部最优,因此,缓存放置的表现较差。另外,RR只考虑资源的可用性,没有考虑更多的放置因素,所以其性能最差。

5.9 本章小结

在边缘计算环境下,针对分布式协同边缘缓存系统中如何合理地利用有限的缓存空间存放数据对象的副本问题,本章设计边缘计算环境下分布式协同缓存放置算法为大规模数据副本搜索最优的缓存位置,把热点数据在任务执行前主动缓存到边缘协同缓存系统,避免过多的长距离数据传输,实现用户请求延迟最小化。实验结果表明,与其他传统的数据放置算法对比,本章提出的基于伊藤算法的边缘计算环境下协同缓存系统数据放置策略ECCDP_ITÖ能高效地搜索流行度高的数据最佳的放置位置,提高缓存命中率,降低网络回传传输流量,从而实现用户访问数据的低延迟需求,提升用户体验满意度。

参考文献

[1] AL-FUQAHA A, GUIZANI M, MOHAMMADI M, et al. Internet of things: a survey on enabling technologies, protocols, and applications [J]. IEEE Communications Surveys & Tutorials, 2015, 17(4):2347-2376.

[2] HUAWEI. HUAWEI 2015 Global Connectivity Index[R/OL]. (2015-04-20) [2020-07-30]. http://www. huawei. com/minisite /gci/files/gci_2015_whitepaper_cn.pdf.

[3] CARMIGNIANI J, FURHT B, ANISETTI M, et al. Augmented reality technologies, systems and applications [J]. Multimedia Tools & Applications, 2011, 51(1):341-377.

[4] 中兴通讯.中兴通讯大视频白皮书:大视频大未来[R/OL].(2016-06-27) [2019-03-14]. https://res-www. zte. com. cn/mediares/zte/files/PDF/White-skin-book/20.

[5] ZHANG Q, YANG LT, CHEN Z, et al. An adaptive droupout deep computation model for industrial IoT big data learning with crowdsourcing to cloud computing [J]. IEEE Transactions on Industrial Informatics, 2018: 1-9, DOI 10.1109/TII.2018.2791424.

[6] SHI W, CAO J, ZHANG Q, et al. Edge computing: Vision and challenges [J]. IEEE Internet of Things Journal, 2016, 3(5):637-646.

[7] 边缘计算产业联盟.边缘计算产业联盟白皮书[R/OL].(2016-05-06) [2020-07-30]. http://www.ecconsortium.org /Lists/show/ id/32.html.

[8] AHMED A, AHMED E. A survey on mobile edge computing [C]. International Conference on Intelligent Systems and Control. Washington: IEEE Computer Society Press, 2016:1-8.

[9] YUN C H, Milan Patel, Dario Sabella, et al. ETSI White Paper No. 11: Mobile Edge Computing: a key technology towards 5G[R/OL]. (2015-08-14) [2020-07-30]. http://www.etsi.org/images /files/ETSI White papers/etsi wp11 mec a key technology towards 5g.pdf.

[10] PENG M, YAN S, ZHANG K et al. Fog-computing-based radio access networks: issues and challenges [J]. IEEE Network, 2015, 30(4):46-53.

[11] SATYANARAYANAN M, BAHL P, CACERES R, et al. The case for VM-based Cloudlets in mobile computing [J]. IEEE Pervasive Computing, 2009, 8(4):14-23.

[12] PNNL.Edge Computing[R/OL].(2017-05-06)[2020-07-30].http://vis.pnnl.

gov/pdf/fliers/EdgeComputing.pdf.

[13] REZNIK A, ARORA R, CANNON M, et al. ETSI White Paper No. 20: Developing software for multi-access edge computing[R/OL]. (2017-09-12)[2020-07-30]. http://www.etsi.org/images/files/ETSIWhitePapers/etsi_wp20_MEC_SoftwareDevelop-ment- FINAL.pdf.

[14] HOU W, NING Z, GUO L. Green survivable collaborative edge computing in smart cities [J]. IEEE Transactions on Industrial Informatics, 2018, 14(4): 1594-1605.

[15] TALEB T, DUTTA S, KSENTINI A, et al. Mobile edge computing potential in making cities smarter [J]. IEEE Communications Magazine, 2017, 55(3): 38-43.

[16] CHEN X, SHI Q, YANG L, et al. Thrifty Edge: resource-efficient edge computing for intelligent IoT applications [J]. IEEE Network, 2018, 32(1): 61-65.

[17] SUGANUMA T, OIDE T, KITAGAMI S, et al. Multiagent-based flexible edge Computing Architecture for IoT [J]. IEEE Network, 2018, 32(1):16-23.

[18] DU B, HUANG R, XIE Z, et al. KID model-driven things-edge-cloud computing paradigm for traffic data as a service [J]. IEEE Network, 2018, 32(1): 34-41.

[19] LOPEZ P G, MONTRESOR A, EPEMA D, et al. Edge-centric computing: vision and challenges [J]. ACM Sigcomm Computer Communication Review, 2015, 45(5): 37-42.

[20] NIST. The NIST Definition of Fog Computing [EB/OL]. (2018-03-05)[2020-07-30]. https://csrc.nist.gov/CSRC/media/Publications/sp/ 800-191/draft/documents/sp800-191-draft.pdf.

[21] 中国电信CTNet2025网络重构开放实验室. 5G时代光传送网技术白皮书[R].中国电信, 2017.

[22] MUHAMMAD K, KHAN S, PALADE V, et al. Edge intelligence—assisted smoke detection in foggy surveillance environments [J]. IEEE Transactions on Industrial Informatics, 2019:1-9.

[23] ETSI. Mobile Edge Computing (MEC): Framework and Reference Architecture ETSI GS MEC 003 V1.1.1[EB/OL]. (2018-03-06)[2020-07-30]. http://www.etsi.org/deliver/etsi_gs/MEC/001_099/ 003/01.01.01_60/gs_MEC003v010101p.pdf.

[24] 边缘计算产业联盟(ECC)与工业互联网产业联盟(AII)白皮书.边缘计算参考架构 2.0[R/OL]. (2018-03-06)[2020-07-30]. http://www.ecconsor-

tium.org/Lists/show/id/163.html.

[25] ITTF. Information technology-cloud computing-reference architecture (ISO/IEC 17789: 2014) [R/OL]. (2018-03-08) [2020-07-30]. https://www.iso.org/ standard/60545.html.

[26] BROWN G. Mobile edge computing use cases & deployment options [R/OL]. (2017-03-09) [2020-07-30]. https://www.juniper.net/assets/uk/en/local/pdf/whitepapers/2000642- en.pdf.

[27] FAN Q, ANSARI N. Cost aware Cloudlet placement for big data processing at the edge [C]. IEEE International Conference on Communications. Washington: IEEE Computer Society Press, 2017: 1-6.

[28] XU Z, LIANG W, XU W, et al. Efficient algorithms for capacitated Cloudlet placements [J]. IEEE Transactions on Parallel & Distributed Systems, 2016, 27(10): 2866-2880.

[29] JIA M, CAO J, LIANG W. Optimal Cloudlet placement and user to Cloudlet allocation in wireless metropolitan area networks [J]. IEEE Transactions on Cloud Computing, 2017, 5(4): 725-737.

[30] YIN H, ZHANG X, LIU H, et al, et al. Edge provisioning with flexible server placement [J]. IEEE Transactions on Parallel & Distributed Systems, 2017, 28(4): 1031-1045.

[31] XIANG H, XU X, ZHENG H, et al. An adaptive cloudlet placement method for mobile applications over GPS big data [C]. Global Communications Conference Piscataway. New Jersey: IEEE Press, 2017: 1-6.

[32] 曾明霏, 余顺争. P2P网络服务器部署方案及其启发式优化算法[J]. 软件学报, 2013, 24(9): 2226-2237.

[33] LEE J H, CHUNG S H. Fog server deployment considering network topology and flow state in local area networks [C]. IEEE International Conference on Ubiquitous and Future Networks. Washington: IEEE Computer Society Press, 2017: 652-657.

[34] WU J J, SHIH S F, LIU P, et al. Optimizing server placement in distributed systems in the presence of competition [J]. Journal of Parallel & Distributed Computing, 2011, 71(1): 62-76.

[35] CHEN Y, CHEN Y, CAO Q, et al. PacketCloud: a Cloudlet-based open platform for in-network services [J]. IEEE Transactions on Parallel & Distributed Systems, 2016, 27(4): 1146-1159.

[36] WANG S, ZHAO Y, XU J, et al. Edge server placement in mobile edge com-

puting [J]. Journal of Parallel and Distributed Computing, 2019(127): 160-168.

[37] NG T, ZHANG H. Predicting Internet network distance with coordinates—based approaches[C]. Proceedings of Twenty-First Annual Joint Conference of the IEEE Computer and Communications Societies (INFOCOM'02). Washington: IEEE Computer Society Press, 2002:170-179.

[38] LEHMAN L. PCoord: a decentralized network coordinate system for Internet distance prediction [D]. Cambridge, MA, USA: Massachusetts Institute of Technology, 005.

[39] LEHMAN L, LERMAN S. A decentralized network coordinate system for robust Internet distance[C]. Proceedings of Third International Conference on Information Technology: New Generations (ITNG'06). Washington: IEEE Computer Society Press, 2006: 631 - 637.

[40] YU C, LUMEZANU C, SHARMA A, et al. Software-defined latency monitoring in data center networks [C]. International Conference on Passive and Active Network Measurement Cham: Springer Verlag, 2015, 8995:360 - 372.

[41] FRANCIS P, JAMIN S, JIN C, et al. Idmaps: a global internet host distance estimation service [J].IEEE/ACM Transactions on Networking, 2001, 9(5): 525-540.

[42] 姜伟.物流设施选址设计与集装箱堆场物流作业建模优化[D].沈阳:东北大学,2012.

[43] HOOKER J N. Planning and scheduling by logic-based benders decomposition [J]. Operations Research, 2007, 55(3):588-602.

[44] COSTA A M. A survey on benders decomposition applied to fixed-charge network design problems [M]. Elsevier Science Ltd. 2005.

[45] MA L J, WU J G, CHEN L. DOTA: delay bounded optimal cloudlet deployment and user association in WMANs[C]. IEEE/ACM International Symposium on Cluster, Cloud and Grid Computing (CCGRID). Washington: IEEE Computer Society Press, 2017:196-203.

[46] LI D, HALFOND W G J. An investigation into energy-saving programming practices for Android smartphone App development[C]. International Workshop on Green and Sustainable Software. New York: ACM Press, 2014:46-53.

[47] BANERJEE A, CHONG L K, CHATTOPADHYAY S, et al. Detecting energy bugs and hotspots in mobile apps[C] ACM Sigsoft International Symposium on Foundations of Software Engineering. New York: ACM Press, 2014:588-598.

[48] 李继蕊，李小勇，高云全，等. 5G网络下移动云计算节能措施研究[J]. 计算机学报，2017,40(7):1491-1516.
[49] 谢人超，廉晓飞，贾庆民，等.移动边缘计算卸载技术综述[J].通信学报，2018,39(11):138-155.
[50] 张文丽，郭兵，沈艳，等.智能移动终端计算迁移研究[J].计算机学报，2016, 39(5):1021-1038.
[51] 李彤.移动终端计算迁移的延迟优化方法研究[D].北京:清华大学,2017.
[52] 施巍松，孙辉，曹杰，等.边缘计算:万物互联时代新型计算模型[J].计算机研究与发展,2017,54(5):907-924
[53] CUERVO E, BALASUBRAMANIAN A, CHO D. MAUI: Making smartphones last longer with code offload [C]. International Conference on Mobile Systems. New York: ACM Press, 2010:49-62.
[54] CHUN B G, IHM S, MANIATIS P, et al. CloneCloud: elastic execution between mobile device and cloud[C], EuroSys '11 Proceedings of the Sixth Conference on Computer Systems. New York: ACM, 2011:301-314.
[55] SHI CONG, HABAK K, PANDURANGAN P, et al. COSMOS: computation offloading as a service for mobile devices [C]. ACM MobiHoc. New York: ACM Press, 2014:287-296.
[56] VERBELEN T, STEVENS T, SIMOENS P, et al. Dynamic deployment and quality adaptation for mobile augmented reality applications[J]. Journal of Systems & Software, 2011, 84(11):1871-1882.
[57] ROY D G, DE D, MUKHERJEE A, et al. Application-aware cloudlet selection for computation offloading in multi-cloudlet environment [J]. Journal of Supercomputing, 2017, 73(4):1672-1690.
[58] CHATZOPOULOS D, BERMEJO C, HUANG Z, et al. Mobile augmented reality survey: from where we are to where we go [J]. IEEE Access, 2017, 5 (99):6917-6950.
[59] BRAUD T, BIJARBOONEH F H, CHATZOPOULOS D, et al. Future networking challenges: the case of mobile augmented reality [C]. IEEE International Conference on Distributed Computing Systems. Washington: IEEE Computer Society Press, 2017:1796-1807.
[60] RA M, SHETH A, MUMMERT L, et al. Odessa: enabling interactive perception applications on mobile devices [C]. International Conference on Mobile Systems. NewYork: ACM Press, 2011:43-56.
[61] DINH Q T, LA D Q, QUEK Q S T, et al. Learning for computation offloading

in mobile edge computing [J]. IEEE Transactions on Communications, 2018, 66(12): 6353-6367.

[62] NETO L D J, YU S, MACEDO F D, et al, Langar R, Secci S..ULOOF: A user level online offloading framework for mobile edge computing [J]. IEEE Transactions on Mobile Computing, 2018, 17(11): 2660-2674.

[63] CHEN X, JIAO L, LI W, et al. Efficient multi-user computation offloading for mobile-edge cloud computing [J]. IEEE/ACM Transactions on Networking, 2016, 24(5):2795-2808.

[64] BI S, ZHANG J Y. Computation rate maximization for wireless powered mobile-edge computing With Binary Computation Offloading [J]. IEEE Transactions on Wireless Communications, 2018, 17(6): 4177-4190.

[65] DENG S, HUANG L, TAHERI J, et al. Computation offloading for service workflow in mobile cloud computing [J]. IEEE Transactions on Parallel and Distributed Systems, 2015, 26(12): 3317-3329.

[66] YANG L, CAO J, CHENG H, et al. Multi-user computation partitioning for latency sensitive mobile cloud applications [J]. IEEE Transactions on Computers, 2015, 64(8): 2253-2266.

[67] KUMAR, K, LIU J, LU Y H, et al. A survey of computation offloading for mobile systems [J]. Mobile Networks and Applications, 2013, 18(1):129-140.

[68] YANG L, CAO J, YUAN Y, et al. and Chan A. A framework for partitioning and execution of data stream applications in mobile cloud computing[C].IEEE International Conference on Cloud Computing. Washington: IEEE Computer Society Press, 2012:794-802.

[69] VERBELEN T, STEVENS T, TURCK F D, et al. Graph partitioning algorithms for optimizing software deployment in mobile cloud computing [J]. Future Generation Computer Systems, 2013, 29(2):451-459.

[70] NIU J W. SONG W F, ATIQUZZAMAN M. Bandwidth-adaptive partitioning for distributed execution optimization of mobile applications [J]. J. Netw. Comput. Appl, 2014, 37:334-347.

[71] RA M, PRIYANTHA B, KANSAL A. Improving energy efficiency of personal sensing applications with heterogeneous multi-processors [C]. Proceedings of the 2012 ACM Conference on Ubiquitous Computing. NewYork: ACM Press, 2012:1-10.

[72] RANGO F D, SANTAMARIA A F, TROPEA M, et al. Meta-Heuristics Methods for an NP-Complete Networking Problem [C]. IEEE Vehicular Technology

Conference. New Jersey: IEEE Press, 2008:1-5.

[73] KOSTA S, AUCINAS A, HUI P, et al. ThinkAir: dynamic resource allocation and parallel execution in the cloud for mobile code offloading [C]. IEEE Conference on Computer Communications. Washington: IEEE Computer Society Press, 2012:945-953.

[74] ZHANG X, KUNJITHAPATHAM A, JEONG S, et al. Towards an elastic application model for augmenting the computing capabilities of mobile devices with cloud computing [J]. Mobile Networks and Applications, 2011, 16(3): 270-284.

[75] BADRI H, BAHREINI T, GROSU D, et al. A cample average approximation—based parallel algorithm for application placement in edge computing systems [C]. IEEE International Conference on Cloud Engineering (IC2E). Washington: IEEE Computer Society Press, 2018:198-203.

[76] MAHMUD R, SRIRAMA S N, RAMAMOHANARAO K, et al. Quality of experience (QoE)—aware placement of applications in fog computing environments [J]. Journal of Parallel and Distributed Computing, 2019, 132: 190-203.

[77] SPINNEWYN B, MENNES R, BOTERO J F, et al. Resilient application placement for geo-distributed cloud networks [J]. Journal of Network and Computer Applications, 2017, 85:14-31.

[78] WANG S, ZAFER M, LEUNG K K. Online placement of multi-component applications in edge computing environments [J].IEEE Access, 2017, 5:2514-2533.

[79] WANG Y, SHENG M, WANG X, et al. Mobile-edge computing: partial computation offloading using dynamic voltage scaling [J]. IEEE Transactions on Communications, 2016, 64(10):4268-4282.

[80] WU H, WANG Q. Tradeoff between performance improvement and energy saving in mobile cloud offloading systems [C]. IEEE International Conference on Communications Workshops. Washington: IEEE Computer Society Press, 2013:728-732.

[81] YANG L, ZHANG H, LI M, et al. Mobile edge computing empowered energy efficient task offloading in 5G [J]. IEEE Transactions on Vehicular Technology, 2018, 67(7):6398-6409.

[82] KETYKOI, KECSKESL, NEMES C, et al. Multi-user computation offloading as multiple knapsack problems for 5g mobile edge computing [C]. European Conference on Networks and Communications. Piscataway, New Jersey: IEEE

Press, 2016:225-229.
[83] MUBEEN S, NIKOLAIDIS P, DIDIC A, et al. Delay mitigation in offloaded cloud controllers in industrial IoT [J]. IEEE Access, 2017, 5:4418-4430.
[84] TRUONG-HUU T, THAM C K, NIYATO D. To offload or to wait: an opportunistic offloading algorithm for parallel tasks in a mobile cloud [C]. IEEE International Conference on Cloud Computing Technology and Science. Washington: IEEE Computer Society Press, 2014:182-189.
[85] LIU Y, XU C, ZHAN Y, et al. Incentive mechanism for computation offloading using edge computing: a stackelberg game approach [J]. Computer Networks, 2017, 129(2):399-409.
[86] LYU X, TIAN H, NI W, et al. Energy-efficient admission of delay-sensitive tasks for mobile edge computing [J]. IEEE Transactions on Communications, 2018, 66(6):2603-2616.
[87] CHEN X. Decentralized computation offloading game for mobile cloud computing [J]. IEEE Transactions on Parallel and Distributed Systems, 2015, 26(4): 974-983.
[88] LIN X, WANG Y, XIE Q, et al. Task scheduling with dynamic voltage and frequency scaling for energy minimization in the mobile cloud computing environment [J]. IEEE Transactions on Services Computing, 2015, 8(2):175-186.
[89] 许嘉,张千桢,赵翔,等.动态图模式匹配技术综述[J].软件学报,2018,29(3):663-688.
[90] ZONG B, RAGHAVENDRA R, SRIVATSA M, et al. Cloud service placement via subgraph matching[C]. IEEE International Conference on Data Engineering. Washington: IEEE Computer Society Press, 2014:832-843.
[91] KIVITY A, KAMAY Y, LAOR D. Kvm: the Linux virtual machine monitor [C]. Proceedings of the Linux symposium. Piscataway, New Jersey: IEEE Press, 2007(1):225-230.
[92] SZYPERSKI C. Component Software: Beyond Object-Oriented Programming [M]. Beijing: Publishing House of Electronics Industry, 2003.
[93] 李文明,叶笑春,张洋,等.BDSim:面向大数据应用的组件化高可配并行模拟框架[J].计算机学报,2015,38(10):1959-1975.
[94] WU C L, LIAO C F, FU L C. Service-oriented smart-home architecture based on OSGi and mobile-agent technology [J]. IEEE Transactions on Systems Man & Cybernetics Part C, 2007, 37(2):193-205.
[95] XIE G, LI Z, KAAFAR M A, et al. Access Types effect on Internet video ser-

vices and its implications on CDN caching [J]. IEEE Transactions on Circuits and Systems for Video Technology, 2018, 28(5):1183-1196.

[96] 陈溪.未来网络组件行为的动态感知与组件聚类机制研究[D].南京:南京邮电大学,2014.

[97] HUANG J, LIU J. A similarity-based modularization quality measure for software module clustering problems [J]. Information Sciences, 2016, 342: 96-110.

[98] 刘勇,李建中,高宏.从图数据库中挖掘频繁跳跃模式[J].软件学报,2010,21(10):2477-2493.

[99] YAN X, HAN J. gSpan: graph-based substructure pattern mining[C]. IEEE International Conference on Data Mining. Washington: IEEE Computer Society Press, 2002:721-732.

[100] YAN X, YU P S, HAN J. Graph indexing: a frequent structure—based approach[C]. 2004 ACM SIGMOD International Conference on Management of Data. New York: ACM Press, 2004:335-346.

[101] ALEXOPOULOS C, SEILA A F. Advanced methods for simulation output analysis [C].Simulation Conference Proceedings. Piscataway, New Jersey: IEEE Press, 1998:113-120.

[102] SONMEZ C, OZGOVDE A, ERSOY C. EdgeCloudSim: An environment for performance evaluation of Edge Computing systems[C] Second International Conference on Fog & Mobile Edge Computing. Washington: IEEE Computer Society Press, 2017.

[103] WANG Y C, CHENG K T. Energy-optimized mapping of application to smartphone platform-A case study of mobile face recognition[C] Computer Vision & Pattern Recognition Workshops. Washington: IEEE Computer Society Press, 2011:84-89.

[104] SNAP. Network datasets: Gnutella peer-to-peer network, August 24 2002. [EB/OL]. (2016-02-11)[2020-07-30].http://snap.stanford.edu/data/p2p-Gnutella24.html.

[105] REISS C, TUMANOV A, GANGER G R, et al. Heterogeneity and dynamicity of clouds at scale: Google trace analysis[C]. In SoCC. NewYork: ACM, 2012:1-12.

[106] SONG J, CUI Y, LI M, et al. Energy-traffic tradeoff cooperative offloading for mobile cloud computing[C].IEEE Quality of Service. Washington: IEEE Computer Society Press, 2014:284-289.

[107] BROWN R E, MASANET E, NORDMAN B, et al. Report to congress on server and data center energy efficiency [R]: Public Law, 2007:109-431.

[108] DUFFY S J. Environmental chemistry: A global perspective [M]. London: Oxford Press, 2011.

[109] DCD. Datacenter Dynamics [EB/OL]. (2019-02-11)[2020-07-30]. http://www.datacenterdynamics.com.br/focus/ archive/2016/02/schneider-electric-anuncia-linha-de-micro-data-centers.

[110] 中国信通院.数据中心白皮书[R/OB]. (2019-1-10)[2020-07-30]. http://www.caict.ac.cn/kxyj/qwfb/bps /201810/ P020181017376178212777.pdf.

[111] 张晓丽,杨家海,孙晓晴,等.分布式云的研究进展综述[J].软件学报, 2018, 29(7):2116-2132.

[112] APACHE HADOOP. Apache Hadoop YARN [EB/OL]. (2015-03-19)[2020-07-30]. https://hadoop.apache.org/ docs/current/hadoop-yarn/hadoop-yarn-site/YARN.html.

[113] KUBERNETES. Kubernetes设计架构 [EB/OL]. (2019-03-19)[2020-07-30]. https://www.kubernetes.org.cn/kubernetes设计架构.

[114] PAHL C, LEE B. Containers and clusters for edge cloud architectures-a technology review [C]. IEEE International Conference on Future Internet of Things and Cloud. Washington: IEEE Computer Society Press, 2015: 379-386.

[115] SOUZA V B C, RAMIREZ W, MASIP-BRUIN X, et al. Handling service allocation in combined Fog-cloud scenarios [C]. IEEE International Conference on Communications. Piscataway, New Jersey: IEEE Press, 2016:1-5.

[116] WANG L, JIAO L, LI J, et al. Online resource allocation for arbitrary user mobility in distributed edge clouds [C]. IEEE International Conference on Distributed Computing Systems. Washington: IEEE Computer Society Press, 2017:1281-1290.

[117] JARRAY A, SALAZAR J, KARMOUCH A, et al. QoS-based cloud resources partitioning aware networked edge datacenters [C]. FIP/IEEE International Symposium on Integrated Network Management. Washington: IEEE Computer Society Press, 2015:313-320.

[118] NI L, ZHANG J, JIANG C, et al. Resource allocation strategy in fog computing based on priced timed petri nets [J]. IEEE Internet of Things Journal, 2017, 4(5): 1216-1228.

[119] XU J, PALANISAMY B, LUDWIG H, et al. Zenith: utility-aware resource allocation for edge computing [C]. IEEE International Conference on Edge Computing. Washington: IEEE Computer Society Press, 2017:47-54.

[120] WANG Q, GUO S, LIU J, et al. Energy-efficient computation offloading and resource allocation for delay-sensitive mobile edge computing [J]. Sustainable Computing: Informatics and Systems, 2019, 21:154-164.

[121] 黄庆佳.能耗成本感知的云数据中心资源调度机制研究[D].北京:北京邮电大学,2014.

[122] MASHAYEKHY L, NEJAD M, GROSU D, et al. and Shi W.S. Energy-aware scheduling of mapreduce jobs for big data applications [J]. IEEE Trans. on Parallel and Distributed Systems, 2015, 26(10):2720-2733.

[123] LANG W, PATEL J M. Energy management for mapreduce clusters [C]. Proceedings of the VLDB Endowment. NewYork: ACM Press, 2010:129-139.

[124] GANDHI A, HARCHOL-BALTER M, RAGHUNATHAN R. AutoScale: dynamic, robust capacity management for multi-tier data centers [J]. ACM Trans. Computer System, 2012, 30(4):1-26.

[125] CARDOSA M, SINGH A, PUCHA H, et al. Exploiting spatio-temporal tradeoffs for energy-aware MapReduce in the Cloud [J]. IEEE Trans. on Computers, 2012, 61(12):1737-1751.

[126] ŻOTKIEWICZ M, GUZEK M, KLIAZOVICH D, et al. Minimum dependencies energy-efficient scheduling in data centers [J]. IEEE Transactions on Parallel and Distributed Systems, 2016. 27(12):3561-3574.

[127] WU C M, CHANG R S, CHAN H Y. A green energy-efficient scheduling algorithm using the DVFS technique for cloud datacenters [J]. Future Generation Computer Systems, 2014:37:141-147.

[128] LIN C C, SYU Y C, CHANG C J, et al. Energy-efficient task scheduling for multi-core platforms with per-core dvfs [J].J. Parallel Distrib. Computing, 2015, 86:71-81.

[129] WATANABE T, MURASHIMA S. A Method to Construct a Voronoi Diagram on 2-D Digitized Space in O(1) Computing Time[J]. Transactions of the Institute of Electronics Information & Communication Engineers, 1996, 79.

[130] XIONG Y, SUN Y, XING L, et al. Extend Cloud to Edge with KubeEdge [C]. 2018 IEEE/ACM Symposium on Edge Computing (SEC). Piscataway, New Jersey: IEEE Press, 2018: 373-377.

[131] CHEN L, ZHOU S, XU J. Computation peer offloading for energy-con-

strained mobile edge computing in small-cell networks [J]. IEEE/ACM Transactions on Networking, 2018, 26(4):1619-1632.

[132] CHEN G, HE W, LIU J, et al. Energy-aware server provisioning and load dispatching for connection-intensive Internet services[C]. Proceedings of the 5th USENIX Symposium on Networked Systems Design and Implementation. Berkeley: USENIX Association, 2008:337-350.

[133] WARDELL D G. Small-sample interval estimation of Bernoulli and poisson parameters [J]. American Statistician, 1997, 51(4):321-325.

[134] MAO X. Exponential stability of stochastic delay interval systems with Markovian switching[J]. IEEE Trans. on Automatic Control, 2002, 47(10): 1604-1612.

[135] MIN R, BHARDWAJ M, CHO S H, et al. Low-Power Wireless Sensor Networks [C]. International Conference on VLSI Design. Washington: IEEE Computer Society Press, 2001:205-210.

[136] 王莹,费子轩,张向阳,等.移动边缘网络缓存技术[J].北京邮电大学学报,2017,40(6):1-13.

[137] CISCO. Cisco Visual Networking Index: Global mobile data traffic forecast update, 2015-2020 [R]. 2016.

[138] HU X, WANG X, LI Y, et al. Optimal symbiosis and fair scheduling in shared cache [J]. IEEE Transactions on Parallel & Distributed Systems, 2017, 28(4):1134-1148.

[139] NIKOLAOU S, VAN RENESSE R, SCHIPER N. Proactive cache placement on cooperative client caches for online social networks and applications [J]. IEEE Transactions on Parallel & Distributed Systems, 2016, 27(4):1174-1186.

[140] LAOUTARIS N, CHE H, STAVRAKAKIS I. The LCD interconnection of LRU caches and its analysis [J]. Performance Evaluation, 2006, 63(7):609-634.

[141] BANDARA H, DILUM H M N, JAYASUMANA A. Community-based caching for enhanced lookup performance in P2P Systems [J]. IEEE Transactions on Parallel and Distributed Systems, 2013, 24(9):1752-1762.

[142] AKON M, ISLAM T, SHEN X, et al. SPACE: a lightweight collaborative caching for clusters [J]. Peer-to-Peer Networking and Applications, 2010, 3(2):83-99.

[143] IBN-KHEDHER H , ABD-ELRAHMAN E , KAMAL A E, et al. OPAC: An optimal placement algorithm for virtual CDN [J]. Computer Networks, 2017, 120:12-27.

[144] 张国强，李杨，林涛，等.信息中心网络中的内置缓存技术研究[J].软件学报，2014，25(1):154-175.
[145] 吴海博，李俊，智江.基于概率的启发式ICN缓存内容放置方法[J].通信学报，2016，37(5):62-72.
[146] PSARAS I，WEI K C，PAVLOU G. Probabilistic in-network caching for information-centric networks[C] Edition of the Icn Workshop on Information-Centric Networking. New York：ACM Press，2012:55-60.
[147] 刘外喜，余顺争，蔡君，等.ICN中的一种协作缓存机制.软件学报，2013(8):1947-1962.
[148] MÜLLER S，ATAN O，SCHAAR M V D，et al. Context-aware proactive content caching with service differentiation in wireless networks [J]. IEEE Transactions on Wireless Communications，2017，16(2):1024-1036.
[149] MERSHAD K，ARTAIL H. CODISC：collaborative and distributed semantic caching for maximizing cache effectiveness in wireless networks [J]. Journal of Parallel & Distributed Computing，2011，71(3):495-511.
[150] POULARAKIS K，IOSIFIDIS G，TASSIULAS L. Approximation algorithms for mobile data caching in small cell networks [J]. IEEE Transactions on Communications，2014，62(10):3665-3677.
[151] TRAN T X，LE D V，YUE G，et al. Cooperative hierarchical caching and request scheduling in a cloud radio access network [J]. IEEE Transactions on Mobile Computing，2018，17(12):2729-2743.
[152] RAMASWAMY L，IYENGAR A，CHEN N J. Cooperative data placement and replication in edge cache networks[C].International Conference on Collaborative Computing：Networking，Applications and Worksharing. Washington：IEEE Computer Society Press，2006:1-9.
[153] 智江，李俊，吴海博，等.基于边缘优先的ICN缓存协作策略[J].通信学报，2017，38(3):53-64.
[154] ZEYDAN E，BASTUG E，BENNIS M，et al. Big data caching for networking：moving from cloud to edge [J]. IEEE Communications Magazine，2016，54(9):36-42.
[155] PELLEGRINI F D，MASSARO A，GORATTI L，et al. Bounded generalized Kelly mechanism for multi-tenant caching in mobile edge clouds [C]. Network Games，Control，and Optimization. Cham：Springer Press 2017:89-99.
[156] DROLIA U，GUO K，TAN J，et al. Cachier：edge-caching for recognition applications [C]. IEEE International Conference on Distributed Computing

Systems. Washington: IEEE Computer Society Press, 2017:276-286.

[157] WANG C, LIANG C, YUV F R, et al. Joint computation offloading, resource allocation and content caching in cellular networks with mobile edge computing [C]. IEEE International Conference on Communications. Washington: IEEE Computer Society Press, 2017:1-6.

[158] ELBAMBY M S, BENNIS M, SAAD W. Proactive edge computing in latency-constrained fog networks [C]. European Conference on Networks and Communications. Piscataway, New Jersey: IEEE Press, 2017:1-6.

[159] TRAN T X, LE D V, YUE G, et al. Cooperative hierarchical caching and request scheduling in a cloud radio access network [J]. IEEE Transactions on Mobile Computing, 2018, 17(12):2729-2743.

[160] SHANMUGAM K, GOLREZAEI N, DIMAKIS A G, et al. FemtoCaching: wireless content delivery through distributed caching helpers [J]. IEEE Transactions on Information Theory, 2013, 59(12):8402-8413.

[161] BASTUG E, BENNIS M, DEBBAH M. Living on the edge: The role of proactive caching in 5G wireless networks [J]. IEEE Communications Magazine, 2014, 52(8):82-89.

[162] 董文永，张文生，于瑞国. 求解组合优化问题伊藤算法的收敛性和期望收敛速度分析[J]. 计算机学报，2011，34(4):636-646.

[163] DONG W, SHENG K, YANG C, et al. Evolutionary algorithm based on discrete ITO process for travelling salesmang problem [J]. International Journal of Modeling Simulation & Scientific Computing, 2015, 6(3):1-24.

[164] GOOGLE. YouTube-8M Dataset [EB/OL]. (2017-02-11) [2020-07-30]. https://github.com/gsssrao/ youtube-8m-videos-frames? tdsourcetag=s_pcqq_aiomsg.

[165] UMass Trace Repository. YouTube Traces from the Campus Network [EB/OL] (2018-07-01) [2020-07-30]. http://traces.cs.umass.edu/index.php/Network.

[166] HOU T, FENG G, QIN S, et al. Proactive content caching by exploiting transfer learning for mobile edge computing [C]. IEEE Global Communications Conference. Washington: IEEE Computer Society Press, 2018:1-6.